城市化下
秦淮河流域水文效应
及风险评价

高玉琴　著

中国水利水电出版社

www.waterpub.com.cn

·北京·

内 容 提 要

本书针对秦淮河流域城市化快速发展所引起的流域下垫面、河流水系格局以及暴雨洪水响应系统开展了城市化下秦淮河流域的水文效应及风险评价研究。书中首先分析了城市化背景下的秦淮河流域下垫面变化情况以及水系格局变化，并通过对秦淮河流域的水位过程模拟，计算出河网静态和动态调蓄能力，分析了水系连通性变化对河网调蓄能力的影响，提出了水系连通性的改善措施；其次研究了基于 LUCC 的洪水水文过程变化条件下洪水演进过程的响应规律，分析了研究城市群圩垸式防洪模式对流域洪水演进过程的影响，并对未来城镇建设用地比例情景下圩垸式防洪模式对流域洪水演进过程的影响进行预测分析。在此基础上，得到秦淮河流域有、无城市圩垸的洪水数据，对城市圩垸的洪灾风险进行分析。

本书可为我国城市化发展对流域暴雨洪水影响与洪水风险评估的研究提供参考，也可供地理、水利等相关领域的科研人员与技术人员、管理人员以及大专院校、科研院所师生使用和参考。

图书在版编目（CIP）数据

城市化下秦淮河流域水文效应及风险评价 / 高玉琴
著. -- 北京 ： 中国水利水电出版社，2021.7
ISBN 978-7-5170-9793-8

Ⅰ．①城… Ⅱ．①高… Ⅲ．①淮河流域－暴雨洪水－
风险评价－研究 Ⅳ．①P426.616②P333.2

中国版本图书馆CIP数据核字(2021)第148142号

书　　名	城市化下秦淮河流域水文效应及风险评价 CHENGSHIHUA XIA QINHUAI HE LIUYU SHUIWEN XIAOYING JI FENGXIAN PINGJIA
作　　者	高玉琴　著
出版发行	中国水利水电出版社 （北京市海淀区玉渊潭南路 1 号 D 座　100038） 网址：www.waterpub.com.cn E-mail：sales@waterpub.com.cn 电话：(010) 68367658（营销中心）
经　　售	北京科水图书销售中心（零售） 电话：(010) 88383994、63202643、68545874 全国各地新华书店和相关出版物销售网点
排　　版	中国水利水电出版社微机排版中心
印　　刷	清淞永业（天津）印刷有限公司
规　　格	184mm×260mm　16 开本　9.5 印张　225 千字
版　　次	2021 年 7 月第 1 版　2021 年 7 月第 1 次印刷
印　　数	0001—1000 册
定　　价	**78.00 元**

前　言

当前城市化发展，伴随着土地利用类型及面积、流域水系形态与结构的变化，这种变化影响流域内降雨、径流等水文现象的产生使水文规律发生变化，导致洪涝等自然灾害频繁发生。城市化对水文过程的效应影响越来越受到人们的关注。

秦淮河流域位于长江中下游，流域内年际降雨及蒸发具有年内分配不均的特点，且流域中下游地势较为平坦，受长江洪水位顶托作用，常陷入外洪顶托、内涝难排的尴尬局面。此外流域内包含特大城市南京的部分城区以及句容，是江苏省经济发达地区，是我国经济发展的核心区域。长期以来，流域内商贸发达，第三产业发展水平高，城市化特征显著，随着城市化的快速推进，区域洪涝风险增高。

为此，本书以秦淮河流域为例，重点围绕城市化发展对流域下垫面、水系格局、河网调蓄能力、暴雨洪水规律的影响及流域洪水风险，开展我国东部城市化下水文效应及风险评价研究，初步获得了城市化对流域下垫面、水系格局、河网调蓄能力、水文过程影响及洪灾风险的特征规律，从而为东部地区的防洪减灾、水环境保护和经济发展提供支持。

本书对我国秦淮河流域城市化下的水文效应及风险评价进行研究，初步揭示出秦淮河流域城市化进程变化，获得城市化下流域的下垫面及水系格局变化规律、河网调蓄能力变化规律，探究得出基于 LUCC 的秦淮河流域暴雨洪水响应规律以及秦淮河流域圩垸式防洪条件下的暴雨洪水响应规律，评价了城市化下的流域洪水风险。

全书共分为 7 章：第 1 章主要分析开展该研究的迫切性，并介绍当前国内外研究进展；第 2 章对研究区秦淮河流域概况进行介绍，并运用城市人口比重指标分析城市化进程变化；第 3 章主要根据秦淮区地区的 TM 遥感影像和中巴遥感影像数据，获取不透水面及土地利用分布信息，进行水系分析，探讨秦淮河流域下垫面及水系格局变化；第 4 章则通过选取指标构建静态和动态河网调蓄能力评价指标计算方法，通过水文水动力模型进行模拟，探讨秦淮河流域河网调蓄能力变化；第 5 章在流域土地利用变化分析的基础上，采用模型预测土地利用变化，通过构建 HEC 模型模拟探讨基于 LUCC 的秦淮河流域暴雨洪水响应规律；第 6 章通过构建 HEC-HMS 降雨径流模型及 HEC-RAS 洪水演进模型并结合不同量级且具有不同洪水过程线的暴雨事件，从有无圩垸、不同圩垸组合模式方面分析研究农村圩垸式防洪模式和城市群圩垸式防洪模式对流域洪水和流域洪水演进过程的影响，以探究秦淮河流域圩垸式防洪条件下的暴雨洪水响应；第 7 章则主要运用基于 Copula 函数的多维风险模型理论及计算方法，对城市圩垸的洪灾风险进行分析。

本书系国家自然科学基金青年项目（51309076）"城市群圩垸式防洪的流域洪水响应与风险评价研究"、中央高校基本科研业务费前瞻性项目（2014B05814）"河流水系连通性及其对洪涝影响研究"以及江苏省博士后基金项目（2014）"秦淮河流域水系格局和连通性研究"的综合研究成果。

本书由高玉琴总体负责，杨红卫、袁玉、刘云苹、陈佳慧、王怀志、陆晓华等参与了本书的研究分析。各章主要编写人员如下：第 1 章由高玉琴、杨红卫、袁玉编写；第 2 章由高玉琴、杨红卫编写；第 3 章由高玉琴、王怀志编写；第 4 章由高玉琴、陆晓华编写；第 5 章由高玉琴、王怀志和刘云苹共同编写；第 6 章由高玉琴、袁玉、陈佳慧共同编写；第 7 章由高玉琴编写。

本书虽然在城市化下秦淮河流域水文效应及风险评价研究方面取得了一些进展，但由于作者水平与时间限制，书中难免有不妥之处，祈望广大读者批评指正。

作　者

2021 年 3 月

目　录

第 1 章

概　　述

1.1　城市化与水文效应

水文效应包括水循环过程、洪涝灾害、水环境生态系统以及水资源等多方面内容。城市化的快速发展导致流域下垫面、水系格局发生改变，使得流域水文过程及水文效应随之改变，流域洪灾风险增加，带来一系列水文、水资源及水环境问题。城市化导致的下垫面变化对区域暴雨洪水及洪灾风险的影响成为国内外学者研究的热点问题之一。

随着城市化发展，秦淮河流域已形成以南京、溧水和句容为主的城市化群，城市地域面积占整个流域面积的比率超过 60%。随着社会经济的发展，城市规模的不断扩大，秦淮河下游河道两岸已全部纳入城区范围，秦淮河流域面积 2631km²，人口城市化率 76%（最新 2018 年年底数据），流域内有南京市所辖 10 个区县。由于流域河道蜿蜒曲折，汛期洪水受长江高潮位顶托，下泄受阻，同时城市化进程改变了流域水系格局，使河网调蓄能力降低，蓄泄关系恶化，导致流域内极端洪涝灾害频发。2015 年、2016 年秦淮河流域连续发生大洪水，东山站水位接连创历史新高，河道堤防出现多处险情，一些地区受涝受淹严重。秦淮河流域是城市防洪极具典型性与代表性的流域，具有典型的"小流域、大防洪"特点。

秦淮河流域内城市化程度的快速发展，对流域下垫面进行了巨大的改造，使得流域水文效应发生了重大变化，流域暴雨洪水出现频次随之增加，区域洪水风险随之增高，区域防洪问题日趋严峻，在很大程度上制约了其现代化建设的进程与可持续发展。因此，探讨秦淮河流域城市化对流域下垫面及水系格局的影响，分析水系连通变化对河网调蓄能力的影响、土地利用变化对区域暴雨洪水的影响以及圩垸式防洪模式对区域暴雨洪水及洪水风险的影响，既有利于城市化进程中流域防洪减灾的研究，也可对变化环境下水文效应即洪水风险变化规律有更深入的了解，为我国东部城市化发展地区防洪减灾及水资源持续利用提供决策依据，为当前人水关系研究提供良好的素材及有力的技术支持，为高度城市化发展地区的水系保护、防洪减灾提供良好的借鉴和参考。

1.2　城市圩垸与圩垸式防洪模式

当前城市化发展，必然伴随着土地利用类型及面积、流域水系形态与结构的变化，而流域水文过程是以流域气象条件和下垫面条件为基础的，这种变化影响流域内降雨、径流等水文现象的产生，使水文规律发生变化，导致洪涝等自然灾害的频繁发生。城市化对水文过程的效应影响越来越受到人们的关注。防洪作为城市长远稳定发展的基本功能，城市防洪特点也在随着城市化的发展而变化，主要体现为由单个城市防洪向城市群防洪发展。目前通常采用的措施是在扩大和调整流域防洪保护区的基础上，各城市分别构筑城市防洪保护圈（即城市圩垸）。以圩垸式防洪为主体的防洪模式（以下简称"圩垸式防洪模式"）由于各个城市内水系与外部独立开来，原有的流域水系系统结构被割裂，易于导致圩垸外干流水位的升高，使城市防洪圈的围堤不得不进一步增高加厚。城市洪水形成的机制与洪水过程发生了很大变化，因而孕灾环境也发生了很大变化。如何揭示城市群圩垸式防洪模式对流域洪水情势的影响，如何评价圩垸式防洪模式在城市群防洪中的作用和风险，如何进行城市群圩垸式防洪模式的洪灾风险管理，这些是当前城市化进程中防洪工作迫切需要解决的重要问题。然而，目前对于城镇化背景下这一系列问题的研究还停留在定性和部分定量分析阶段[1,2]，不够系统和深入，需要进一步研究。

城市群圩垸式防洪模式在我国东部平原水网区和一些中等流域尤其普遍，例如长江三角洲平原水网区的苏州市、无锡市、常州市、嘉兴市和长江下游支流秦淮河流域的南京市、句容市和高淳县等。本书将以我国东部长江三角洲地区秦淮河流域为典型区域开展研究。截至 2018 年年底，流域内共建设有六大防洪圩垸，保护面积 872.43km²，占流域平原面积的 60% 以上；人口 261.97 万人，占流域总人口的 77.3%；国内生产总值 1293.11 亿元，占流域总额的 88.1%，是采用圩垸式防洪模式极具典型性与代表性的流域。

1.3　国内外研究进展

1.3.1　城市化水文效应研究进展

对城市水文效应的研究，包括城市化过程中土地利用变化的水文效应研究，并预测在未来土地利用情况下的径流过程、洪峰以及洪量变化，以及城市空间布局的水文效应。Wiitala 首次定量分析了美国密歇根州 Red Run 流域的城市化洪水效应，指出城市化使得洪水的平均洪峰翻番，甚至扩大到 3 倍[1]。Hammer（1972）、Hollis（1975）通过研究得出结论：流域的不透水率达到 10% 以后，会严重影响流域的水文过程[2,3]。在研究了美国马里兰州的 23 个小流域后，Klein（1979）发现基流与流域的不透水率负相关[4]。Ng 和 Marsalek（1992）基于 HSPF 模型的研究表明，当流域的不透水率提高 2 倍时，洪峰流量会增加 1/5[5]。Rose S. 和 Peters N. E.（2001）在亚特兰大地区运用不同水文模型模拟径流，对比了模拟效果，并讨论了城市化对径流的影响[6]。2002 年，Jennings 和 Jarnagin 发现城市面积的增加对径流的增加有贡献[7]。Kim（2005）的研究结果表明，从不同数据源获取的不透水面信息，在集总式和分布式水文模型中对径流的影响程度不同，径流在分布式水文模型中表现得更为敏感[8]。Brandes（2005）在研究若干不同城市化水平的流域后，发现与地表径流相比，基流对城市化的响应较灵敏[9]。M D. White 和 K A. Greet（2006）利用遥感数据研究了城市化对美国加利福尼亚州 LosPenasquitos 流域水文和河岸植被的影响[10]。

在我国，城市化水文效应的研究同样蓬勃发展。1985年，南京市水文水资源研究所利用遥感图像和地面实验观测资料，建立了苏州市的城市暴雨径流污染模型，尝试模拟城市内不同土地利用状况下的产流污染过程。申仁淑（1997）研究了在自然条件相同时，流域在城市化后其径流的变化情况[11]。史培军等（2001）、葛怡等（2003）分别以城市化水平较高的深圳市和上海市为研究区，运用SCS水文模型研究了城市化的水文效应[12,13]。

一些学者针对秦淮河流域城市化的水文影响进行了研究。王建群等（2004）基于PCRaster软件建立了秦淮河流域的水文模型，模拟了自定义土地利用情景下的水文过程，结论为：当塘坝变为旱地时，洪峰流量和径流量均增加；当水稻田变为旱地时，洪峰流量和径流量均减少；当阔叶林和针叶林变为旱地时，洪峰流量增加、蒸发量减少；当旱荒地和水稻田变为工业用地和居民地时，洪峰流量和径流量增加，但对具体的影响程度未做定量的分析[14]。韩丽（2007）分析了秦淮河流域北山水库地区的土地利用变化，通过模拟不同土地利用情景下的水文过程，定量分析特定的土地利用情景对流域水文循环的影响[15]。王艳君等（2009）结合遥感和GIS技术，利用SWAT分布式水文模型模拟了秦淮河流域1987—2000年间土地利用变化对多年平均径流、典型年径流的影响，同时探讨了不同土地利用类型的水文效应敏感性，结果表明在这14年间，土地利用变化对流域的径流影响很大，典型年中以枯水年的水文响应最强[16]。宋明明等（2017）选取多时相Landsat影像，通过旋转森林算法得到秦淮河流域9年土地利用覆盖图，分析探究大流域尺度在近30年间不透水面景观格局的演变过程，结果表明，秦淮河流域城市化进程推动下的景观格局变化显著，不透水面积增长近4倍，景观优势度大幅提升[17]。司巧灵等（2018）采用HECHMS水文模型，选取秦淮河流域城市化前1980—1988年间共8场降雨-径流过程、城市化后2007—2013年间共7场降雨-径流过程开展洪水模拟研究，对比分析城市流域水文响应，结果表明城市化后流域内其他用地向城市建设用地转移，流域内不透水面积增加明显，使得产流量增加，洪峰流量增大，峰现时间提前[18]。秦孟晟（2019）基于Landsat系列卫星数据和站点气象数据，构建决策树模型，提取2000年和2013年土地利用/覆被类型数据，同时借助SEBAL模型估算研究区四季典型日栅格尺度蒸散，以研究秦淮河流域因城市化造成的土地利用/覆被类型变化对流域尺度蒸散量变化影响，结果表明城市化带来土地利用/土地覆被的显著变化，使蒸散较高的水稻田和旱地向蒸散较低的不透水面大面积转化，导致流域尺度日蒸散量在四季均呈下降趋势[18]。包瑾等（2020）以1986年、1996年、2002年、2006年、2010年5个城镇化发展阶段为代表，基于HEC-HMS水文模型定量分析同等降水条件下城镇化对流域出口洪水过程的影响，模拟得出各种设计暴雨与不同城镇化发展阶段的下垫面相组合情景下的洪水过程。结果表明，在所有组合情景下，洪峰及洪量均随着不透水面积率的增加而增大；城镇化发展最快的秦淮河中游片产生的水文响应大于城镇化水平最高但并非速度最快的秦淮河下游片，且整个流域城镇化的洪水响应多半源于两个重点研究区的城镇化发展洪水响应[19]。

1.3.2 水系结构及连通性研究进展

1.3.2.1 水系结构

水系结构是一个地区或者流域水系的空间分布形态特征，是分析河流形态与功能的重要理论基础。水系在形成过程中受区域地形、地质和地貌多种因素的影响，结构具有多样性特征，其主要包括树枝状水系、扇形水系、羽状水系、平行状水系、格子状水系及网状结构，在相同的气候条件下，不同结构的水系会产生不同的水情。国外关于河网结构的研究起步较早，其中影响较大的是美国河流地貌学家 Horton（1945）的研究，他提出了著名的河流分级定律[20]，一个水系的各级河流数目可用一个级数公式来表示，即河流级序与河流数量呈对数负相关关系，与河流长度呈对数正相关关系；该定律经 Stralher（1952）修正后被广泛地运用在河流结构研究中[21]，为流域地貌演化和河流水系发育的定量化研究开辟了新的领域。随后各国科学家在此基础上展开了诸多研究，其中，关于水系结构的几何分形及其与水系发育过程定量关系的实证研究逐渐得到重视和开展。

20 世纪 80 年代以后，地理信息系统（GIS）和遥感技术（RS）在水文学中的逐渐推广与应用，对水系提取和结构分析带来了深刻的影响，尤其是 DEM 的引入为水系形态结构研究带来了巨大的技术影响[22]。国内外学者对水系结构的分型特征展开了诸多研究，国外学者 Tarboton（1988）、La Barbera（1989）和 Claps（1996）等对河网水系结构的分型特征及水系分维的计算方法进行了探讨[23-25]；国内学者王秀春等（2004）运用地理信息系统模拟计算了泾河流域的分维特征，进而探讨了分维度同流域地形、植被因子和侵蚀程度之间的相互关系[26]；马宗伟等（2005）以赣江中上游地区为例，研究发现水系分维与流域水文情势及洪水危险性也存在一定的联系，通常河道分维越大、河网分维越小，洪水发生的可能性则越高[27]；范林峰等（2012）基于 DEM 和 GIS 对区域水系的三维分形进行了计算，结果表明三维盒维数更能充分反映水系的空间分布特征[28]；曹华盛等（2016）基于 DEM 数据和 ArcGIS 软件平台，运用河流发育系数、河流不均匀系数和信息维数分析了三峡库区水系结构特征、形态分形特征[29]。

关于水系结构的变化进程，国内外学者也展开了相关研究。Gregory（1992）研究发现英国中南部 Monks 流域城市化进程显著改变了河流的空间格局[30]；Jordan（2010）研究发现城市基础设施的建设破坏了河道沉积物的稳定性，从而导致河道降级和自身修复能力的下降[31]；国内学者袁雯等（2005）认为平原河网区是水系变化最为剧烈的地区，主要表现在城市化过程中末端河流消失和水面率的减少，河流水系结构趋于简单化和主干化，水系结构的剧烈变化使得体现 Horton 规律特征的水系发育自相似性受到了破坏[32]；孟飞等（2005）研究发现河网密度和水面积的快速减少，使得原本纵横交错的网状结构水系变成了仅由骨干河道组成的口状水系[33]；程江（2007）和陈云霞（2007）等研究发现城市化水平越高的地区，水系结构变化越为明显，低等级河道的数量和长度减少得最为严重，导致城市河网的自然调蓄能力大幅度下降[34,35]；黄奕龙等（2008）研究发现城镇化过程中河道长度和数目减少，分支能力和分维数均呈下降趋势[36]；凌红波等（2010）对河流域水系结构的演变和驱动因素进行分析，其结果表明该流域的水系变化满足 Horton 定律，并且人类活动是导致该流域水系变化的主要驱动因素[37]；周峰等（2018）对江苏里下河平原地区城镇化背景下的河网水系变化特征进行了分析[38]。

总的来说，国内外对水系结构变化方面的研究起步较早，无论是理论还是实践，其研究成果都较为丰富。但水系结构受流域自然特性差异和复杂人类活动的影响，不同地区的水系变化特征可能会有所不同，平原河网区水系演变规律仍需进一步深入研究。

1.3.2.2 水系连通性

水系连通性对区域防洪排涝、水资源供给调配、调节水质和保持水生生物多样性等方面具有重要作用，随着近年来不同水系结构下的河湖连通研究的逐渐兴起，对连通性的理解、表达、定量化以及水文过程的作用已成为跨学科讨论的热点。

国外学者多从水文过程、地貌景观及生物多样性等多个方面探讨水系连通性的概念与定义，利用土壤湿度法、水文学模型和连通度函数等开展诸多有关水文连通性的相关研究。针对水系连通的概念研究，Herron（2001）和 Pringle（2003）等从水文学的角度出发，认为水文连通性表征了径流在流域内迁移及流动的效率，表示为水循环各要素间以水流为介质的重量、动力、能量或者有机物的转移过程[39,40]；Hooke 等（2006）从地理学的角度出发，将水系连通性定义为河网水系中水体和沉积物的物理连接[41]；Bracken 等（2007）从景观生态学的角度出发，认为水系连通是水流从景观的一处转移到景观另一处的能力[42]；Gubiani（2007）、Lasne（2007）等从生物生态学的角度出发，把水系连通定义为物质、能量及生物体随着水介质在水圈或水圈各要素间的转换[43,44]。针对水系连通性的研究方法，Bracken 等（2007）提出了一个包括气候、坡面径流潜力、景观位置、传递途径和横向连通性 5 个部分的水系连通性概念模型，并通过"体积突破"的度量方法，量化不同环境和流域之间的连通性变化[42]；Turnbull 等（2008）从生态水文学的角度出发，将连通性分为结构连通性和功能连通性，为半干旱生态系统的土地退化研究提供一个新的方向[45]；Poulter 等（2008）通过构建网络模型，结合图论理论来研究流域连通水平[46]；Lane 等（2009）通过构建分布式水文模型，描述了网络指标在地表坡面流与连通性中的分布规律[47]；Jencso 等（2009）通过时间量化景观尺度下的连通性，并将这种关系应用到整个河网，确定其与流域尺度径流动力学的关系[48]；Cui 等（2009）以小清河流域为例，开发了一个河道网络设计对水系连通性进行评估，探索了河网结构的优化方案[49]；Lesschen 等（2009）采用水文和水力学模型对径流进行模拟，并探讨其对水系连通性的影响[50]；Phillips 等（2011）利用图论理论对流域水系进行描述，从而定量测量流域尺度的水系连通性，发现水系连通性与日平均径流量和流域径流量比相关[51]；Karim 等（2012）通过构建 MIKE 二维水动力模型来分析水系连通的范围及连通效果[52]；Jaeger 等（2012）利用电阻传感器技术对径流的时间连续性和空间纵向连通性进行量化[53]；Nuria 等（2015）通过研究河岸某种硅藻的迁移规律，推断径流景观单元在径流事件之间的水系连通性[54]。

国内关于水系连通性的研究较为单一和宏观，主要集中在水系连通基本理论和概念框架的论述上以及对水系连通性的特征及分类体系的研究上面，对水系连通性的定量评价研究起步较晚。针对水系连通基本概念的研究上，最早长江水利委员会（2005）提出，将水系连通定义为河、湖、湿地等水系组分的连通情况，强调水体的流动性和河道的连接情况[55]；徐宗学等（2010）将河湖水系连通定义为通过自然作用或人为工程措施所建立的河湖水系之间的水力联系[56]；张欧阳等（2010）指出水系连通包含河道畅通与水流连续两项基本内涵[57]；唐传利（2011）将水系连通定义为人类主动改造的河网水系，促进水资源高效利用的措施[58]；王中根等（2011）认为，水系是由流域内大小、形态各异的河流、湖泊等水体所构成的脉络相通的水体网络系统，这其中的"脉络相通"即为水系的连通性[59]；窦明（2011）和李宗礼（2011）等将水系连通解读为通过工程措施人为加强河湖与湿地之间的水力联系，促进水系格局优化，提高水资源利用效率，改善流域水生态环境，增进水系防洪排涝的能力[60,61]；刘加海（2011）认为河湖水系连通是指通过科学的调水、沟通、疏导、调度等措施建立或改变江河、湖泊、湿地以及水库等水体之间水力联系的行为[62]；刘述伊（2014）将水系连通定义通过引调水工程与优化调度方案，改变河、湖、湿地等各种水体连接关系的措施[63]。针对水系连通性的定量评价研究，徐慧等（2007）采用景观生态学的方法，将河流廊道理论和景观空间结构分析方法应用于城市水系规划中，并分析了平原河网地区的水系连通程度[64]；李原园等（2011）结合中国水系的实际情况，对水系连通的功能、研究尺度等进行研究，并指出我国目前在水系连通方面面临的挑战[65]；徐光来等（2012）利用图论方法，以水流通畅度作为边的权值，对太湖流域河道疏浚前后的连通性进行评价[66]；邵玉龙（2013）利用平原河网区相邻水位站点间的水位差表征连通水平，并将城市化发展下的河网水系连通程度进行了评价[67]；靳梦（2014）提出了一套河湖水系连通形态格局和水系连通功能的指标评价体系，并对二者之间的相关关系进行了分析，确定了指标阈值[68]；杨晓敏（2014）以图论边连通度的定义为理论依据，通过分析河湖水系构造特点，提出了一套流域尺度下河湖水系连通性的定量评价方法[69]；窦明等（2015）分别构建描述水系连通形态和连通功能的两套指标体系，分析两者间的相互关系，并定量分析水系结构与连通功能的相关性[70]；田传冲等（2016）利用 MIKE11 从一系列水系连通方案中选出最优的连通方案，并将其应用于大田港流域[71]；高玉琴等（2018）对图论方法加以改进，以径流系数作为图模型边的权值，对秦淮河流域的水系连通性进行评价[72]。

就目前的研究而言，国外学者虽然从水文过程、地貌景观及生物多样性等多个方面和尺度对水系连通性进行了探讨，但适用于平原河网地区的连通定量方法较少；近年来，我国将水系连通提升至国家江河治理战略，国内学者多从宏观层面上对连通内涵进行了阐述，平原河网连通的量化研究仍处于初步阶段，而日渐增多的河湖水系连通实践，迫切需要这方面的理论与技术支撑。

1.3.3　河网调蓄能力研究进展

天然河网的调蓄能力可观，具有调蓄洪水、降低洪涝压力等重要作用。目前，许多研究说明流域洪灾加剧的一个重要原因就是河网调蓄能力的下降。2003 年，Yates 等通过绘制地图、剖面图和柱状图显示了田纳西州洪水平原经历的复杂历史和极端变化，表明城镇化使得洪水平原地区面积约有 50% 的减少，洪涝风险增加[73]。Amaud - Fassetta 发现水文气候变化和人类干扰引起了罗纳河流域的地貌调整，导致河网调蓄能力下降，增加了洪水的危险和风险[74]。2006 年，White 等研究了流域城市化对径流特性的影响，发现美国加利福尼亚州南部沿海的城市化可以显著地改变河流和河岸生态系统的性质和完整性[10]。2013 年，Krois 等通过平均基流等因素评估了罗奎罗流域的蓄水量，为卡哈马卡市的重要河流取水，结果表明，在罗奎罗流域水资源保护时，要重视对土壤的保护以及对地下水流通道的维护[75]。

在国内，主要是研究湖泊、区域以及河网的调蓄能力三个方面。1999 年，王腊春等对太湖流域的河道、湖泊以不同的方式概化，并建立河网汇流模型，计算河网的调蓄能力[76]。2000年，毛锐选取调蓄水量、日最大上涨率等参数对太湖流域的调蓄能力进行计算，并提出太湖洪涝的治理意见[77]。2002年，王学雷等利用ArcGIS软件，建立江汉平原的DEM模型，得出淹没水深和淹没水量的关系，并基于水稻的耐淹性质，计算出了区域的最大调蓄容量[78]。2003年，王慧玲等以调蓄量、蓄洪湖容、削峰系数等参数来分析洞庭湖的调蓄作用，并提出增大洞庭湖调蓄能力的措施[79]。2004年，吴作平等建立了计算湖泊调蓄能力的模型，应用于洞庭湖河网区，证明考虑湖泊调蓄作用的模型更符合实际[80]。2005年，袁雯等选取7个河网结构特征指标和2个表征河网调蓄能力的指标，以上海河网为例，分析两者的变化规律，发现河网调蓄能力与低等级河道发育相关[81]。2011年，李娜等利用SOBEK软件，选取河面率、弯曲度等指标，通过设置不同的情景，模拟各指标对河网削峰能力的影响，找出使河网调蓄能力最高时各指标的取值[82]。2012年，李世君构建了地下水库调蓄能力计算模型并对其进行了评价，结合区域实际，对地下水库与地表水的联合调蓄进行了尝试[83]。2014年，孟慧芳以鄞东南平原为例，对水系结构、水系连通性以及河网调蓄能力分别进行计算分析，并研究了河网调蓄能力与产水量的关系，得出区域洪涝风险加剧的结论[22]。2015年，沈洁以槽蓄容量、可调蓄容量等指标来表征河网调蓄能力，并以此分析浦东新区调蓄能力的变化，提出相应的改善措施[84]。2015年，周峰等以鄞东南平原为例，对流域下垫面、调蓄能力、高程变化分别进行研究分析，并建立GIS淹没模型，分析下垫面变化对流域调蓄、洪涝的影响情况[85]。2016年，王跃峰等引入REW概念和Hurst指数，分别建立Hurst指数与水系结构指标、Hurst指数与调蓄能力之间的关系式，从而得到河网水系结构与调蓄能力之间的关系[86]。

1.3.4 土地利用变化及其水文效应研究进展

经济和社会的飞速发展，导致城镇用地快速向郊区扩展，城市建设用地急剧增加，流域下垫面的条件因此而发生了巨大改变。城镇化引起的水文效应体现在下渗量和基流减少，坡面汇流和河道汇流加快，流域地表的径流和洪水过程加大，引发洪水灾害概率的增加。国外，1997年莫斯克里普和蒙哥马利根据历史径流资料研究洪水出现概率大小在不透水面积增长前后的改变，结果表明洪水频率随着不透水率的增加而相应增加[87]。2009年，Im等采用水文模型MIKE SHE对城市化对韩国京畿道流域水文过程的作用进行了评价和估算，发现在流域不透水率增长近10%的情况下，总径流量与地表径流量分别近似增加了5.5%和24.8%[88]。2011年，Wenming Nie等应用水文模型和多元回归分析的综合方法来量化单个土地利用类别的变化对水文部分变化的贡献[89]。2015年，Deepak Khare等综合使用GIS和SCS-CN模型对各种土地利用/土地覆被如何影响印度中央邦Narmada流域径流进行探究，研究表明1990—2009年间由于土地利用的变化，估计地表径流量出现了不同程度的增加[90]。2016年，Nigussie等使用SLEUTH城市增长模型和HEC-1水文模型研究Ayamama流域在四种土地利用政策情景下城市化对水文响应的影响[91]。

国内对于变化环境的水文效应研究还不多，正处于成长阶段[92]。2001年，史培军等基于 SCS 水文模型的城市化水文效应研究表明城市化引起径流量变大，同时土地利用变化影响径流的强度随着降雨程度的增加而减小[12]。2003 年，葛怡等以上海市为例研究发现城市区面积的扩大会导致径流系数增大，同时洪水灾害的损失也呈现上升的趋势[13]。2003 年，夏军等根据不同下垫面类型、覆盖度以及处理方式的降雨实验，分析植被、管理等因素变化对降雨径流系数的影响[93]。2009 年，陈莹等基于土地利用变化分析和 CLUE－S 模型模拟，采用 L－THIA 模型探究不同土地利用情景下地表径流变化规律[94]。2013 年，史晓亮等根据 RS 和 GIS 技术提取并分析诺敏河流域土地利用变化的水文响应[95]。2014 年，白晓燕等根据三期 SPOT5 影像数据解译结果，采用 HSPF 模型模拟并分析变化土地利用类型的水文响应强度和趋势[96]。2015 年，王雅等基于 In VEST 模型水文模拟和多元线性回归分析方法，研究变化土地利用对径流的影响，得出以下结论：林地增多能够抑制产流，而城镇用地增加会促进产流[97]。2015 年，刘洁等采用 CA－Markov 模型预测未来城镇化平稳发展、高速发展和急速发展 3 种情景下的土地利用变化情况，并采用 HSPF 水文模型模拟其径流变化，研究发现 3 种情景下径流量均增长，且土地利用变化对地表径流的影响比总径流更显著[98]。

1.3.5　圩垸式防洪研究进展

长江中下游地区地势平缓、水资源丰富，但水灾害也更为严重。曾经，人们认为江河湖泊洪灾泛滥，造成无数的房屋和粮食庄稼等损失是无法提前防御和抵抗的，是人力无法改变的。但随着人类文明的不断发展，人类对河流的自然规律进行总结归纳，并提出了修建堤坝、水电站及圩垸等工程措施，这些工程措施可有效抵抗洪涝灾害，因此修筑圩垸成为人类制服洪水的标志。人类修建圩垸和堤岸既保护了农田和城镇百姓的安全，也充分利用水源提高了粮食等农作物的生产量。

圩垸数量的增多，虽然在一定程度上防御了洪水，但同时也减少了河流湖泊的蓄水面积，抬高了汛期的洪水位，但同时这些状况对圩垸造成重大负担，易造成圩垸的溃破。《禹贡》中提及圩垸修建侵占了河道，致使大江到渔文段河道不通，《宋史·河渠志》中提及南宋乾道时公安县水灾频发，堤防频坏，年年增高堤防。随着圩垸溃破频率的增高，堤防标准不断提升，如明正德年间的荆江大堤，唐宋时期的洞庭湖区圩垸，明弘治时期的鄱阳湖和下游地区众多圩垸的联圩、江苏省沿江圩垸的联并等，仅仅通过加高堤防来挡住洪水，极高的防洪压力致使堤防频坏，到了清代则"与河、淮并亟"，造成每 4 年就有一场大洪水，说明筑高堤防改变了河流地形地势、水系连通及水文水位等情况，增加了洪涝灾害发生的概率及造成生态平衡的失调，最终将反过来影响人类。

古人在治水的实践中，发现围湖易出现枯枝败叶、泥沙等淤积，形成洲诸，因此认为对河流湖泊进行清淤是必要的。江汉平原上游九穴十三口的泄水区域，圩垸修筑之后全部出现淤堵。在明正统七年（1442 年）提出对九江武昌修建沿岸堤防之外，也要清除淤沙 30 里，筑堤、疏浚淤积是防洪排涝的重要手段。

在 1949 年新中国成立后，国家大兴水利在长江流域修建大型闸坝，有规划、有计划地对堤防整修，将大大小小的圩垸进行联并。在此举之后，即使遭遇比 1983 年更为严重的洪水时，也并未出现干堤溃破，未对人民生命和生活造成巨大损失，其经济社会效益明显。同时有关专家意识到，尽管小圩区格局的设计有很多突出的优势，但仍存在诸多问题，比如由于防洪工程使用年限偏长，防洪标准偏低，无法抵御特大洪水。针对这种情况，我国政府近年来在平原河网地区对圩区开展了专项整治，提出对圩垸进行大规模的联并规划管理，改变圩区内的防洪布局，尤其在城市圩垸区，圩垸的联并是一种区域范围的联合，大大提高了圩区内的排涝能力和圩堤抵御洪水的能力。如在太湖流域一直存在圩区联并管理，随着时间的推移，联并的程度和规模也在变化。1960—1985 年间，国家大兴建设农田水利，提倡大规模的围湖垦殖策略，河湖围垦数量及面积在 20 世纪 70 年代达到峰值，远远超过 60 年代和 80 年代的总量。1970 年后，出现了小规模圩垸区的联并[99,100]。随着我国各地城市化进程发展，各个圩区建设标准也发生了相应的改变。圩区保护标准随圩内经济发展、城市化程度的提高而提高，对圩区堤岸高程及排水模数提出更高的要求，有些地区排涝模数最高已达 $1.5 \mathrm{m}^3/(\mathrm{s} \cdot \mathrm{km}^2)$。但各圩区只考虑经济效益进行各自发展，对圩区缺乏统一规划建设，难以保证低标准圩区的防洪安全。

国内城市群圩垸式防洪的研究，目前多处于定性分析阶段。关于圩垸，提出了圩垸的由来、现状，分析了圩垸式防洪对洪涝形势的影响，并提出了一些解决办法。徐正甫（1992）对长江中下游平原圩区洪涝灾害进行了分析，强调内湖综合治理必须以治涝为前提，其次充分发挥圩区的经济、社会和环境效益[101]。高俊峰（1999）结合太河流域圩垸形势，分析圩垸对防洪形势的影响，并提出圩垸区的排涝对策[102]。叶永毅（2004）提出圩垸区建设应立足原地，由国家与群众共建，总体规划，分类管理，加固圩垸，挖深内湖及防涝沟，在房台上建楼房，以减免洪涝渍害[103]。刘克强（2009）针对太湖流域圩垸区建设存在的问题，提出了圩垸区建设与规划的意见[99]。张仁良（2015）通过分析杭嘉湖平原地区圩区的发展、结构特征以及目前圩区建设规划中存在的问题，提出从统一规划、将圩区建设工程同水环境工程相互利用和建立资金统筹机制等圩垸区建设与规划的意见[104]。

国外研究学者 Van Manen（2005）对荷兰圩区进行研究，提出一个完整的定量计算洪水风险的方法[105]；K. J. Breur 等（2009）将计算机内运营管理方式运用到圩区排水中[106]；Bouwer 等（2010）探讨了荷兰圩区由于气候和城市化引发的未来洪水风险，研究表明：到 2040 年气候变化将会导致的经济损失达到 46%～201%，而气候和社会经济结合会使预期损失增加到 96%～719%[107]；P. G. B. de Louw 等（2010）对荷兰 Noordplas 圩垸进行研究，结果显示有三种不同类型的渗流，且盐碱化的主要机制是由于上升的地下水流量所导致[108]。

1.3.6 暴雨洪水研究进展

暴雨洪水是威胁人类安全最常见的一种自然现象，暴雨具有强度大、历时长、洪水峰高量大的特点，特别是特大暴雨所形成的山洪、泥石流自然灾害，给人们的生命及财产安全造成巨大损失[109]。国外对于暴雨洪水的研究比较早，20 世纪中期已开始形成成熟的水文学方法来通过暴雨计算洪水，主要运用推理公式法、单位线法、水文模型等进行研究。推理公式法是最早的也是运用最广泛的方法之一。1851 年，Mulvaney 假设均匀的降雨、产流、汇流，简化设计暴雨和雨量损失，给出了推理公式的基本形式[110]。此后，许多国家都开始陆续使用推理公式，对基本公式修正，改进每个环节的概化关系，以增强推理公式的适用性[111]。单位线就是流域上分布均匀的一单位净雨所形成的出流过程线[112]。Sherman（1932）首先提出单位线法[113]。Snyder（1938）等又提出综合单位线概念[110]。Clark（1945）从具有径流成因概念的等流时线出发，提出瞬时单位过程线的概念[114]。Edson（1950）提出流域瞬时单位线公式的经验性推导[115]，Nash（1957）通过分析英国河流32站90次洪水，提出了Nash瞬时单位线模式[116]，后Dooge尝试给出单位线的一般理论和模式[117]。随着计算机技术的发展，水文模型得到产生。Crawford和Linsley合作研制了世界上第一个流域水文模型SWM[118]，后流域水文模型得到快速发展，据不完全统计，全世界有一定使用价值的流域水文模型至少有70个[119]。

在国内，对暴雨洪水的研究主要包括暴雨洪水计算方法的研究以及暴雨洪水特性规律的研究，从而希望能够尽可能采取有效的防洪措施，减少洪水灾害。目前我国常用的暴雨洪水计算方法主要有推理公式法、单位线法、经验公式法、流域水文模型等。林平一（1956）提出以推理公式为基础的计算最大流量的方法[120]。陈家琦（1958）等提出了以推理公式为基础的计算小汇流面积雨洪最大径流的图解分析法[110]。自1961年提出《水利科学研究报告第七号》推理公式的参数定量改进方法以来，各地在使用推理公式以及对其中产流参数及汇流参数的定量和综合方面做过大量工作，提出从实测资料反求推理公式中的参数[121]。20世纪60年代初期，瞬时单位线法引进我国，用于站网分析、水文预报及设计洪水等方面。1977年，在进行设计洪水计算和洪水预测报告工作中，结合我国暴雨洪水特点的分析，应用近几年发生的特大洪水资料，提出考虑非线性变化的瞬时单位线法，并利用计算机对参数进行优选[110]。1980年以来，水利部、各高校和地方部门开展了地区单位线综合工作，各省都总结出符合各自特点的单位线参数，并收录在各省区的水利水文部门的《水文手册》中[122]。经验公式法也是暴雨洪水研究中常用的一种方法，如魏斌（2004）对新疆小流域暴雨洪水计算经验模式进行探讨[123]。随着计算机的迅速发展和各种新观测技术的相继运用，流域水文模型在我国受到越来越多的重视，芮孝芳（2006）等对水文模型的发展做了总结和展望[118]。目前我国对于暴雨洪水特性的研究主要是依托于具体流域或地区进行，以探求暴雨洪水的形成及影响，进而提出防御暴雨洪水的对策。如胡彩虹（2009）采用降水集中度和集中期的概念，以鲇鱼山水库控制流域为研究对象，讨论得出洪水降水量、降水集中度和集中期不同对洪水过程的影响不同，降水量大且集中度高的洪水更易形成灾害性洪水的结论[124]。

1.3.7　洪灾风险分析研究进展

洪水灾害风险分析是洪水灾害风险管理的基础性工作，是制定各项防洪减灾措施，尤其是非工程防洪减灾措施的重要依据。洪灾风险分析对于防汛抗洪、抢险救灾具有重要意义，引起国内外专家学者的普遍高度重视[125]。

国外早在20世纪60年代就将风险理论引入洪灾问题，研制了不少水文分析、水力计算、洪灾损失估算等模型[126]。美国的Lee（1978）利用由Friedman首先开发的、White和Hass修改发表的模拟模型，建立区域洪水损失模型，该模型利用蒙特卡罗法在大量的城市中确定任一给定年份遭受洪水的城市、洪水规模及受灾城市的损失。Salmon等

（1995）介绍了允许风险分析方法，能将溃坝的风险损失与大坝的风险率直接联系起来[127]。Richard Dawson 等（2005）提出基于给定区域基本变量风险大小的抽样技术，减少评估洪灾风险的计算资源[128]。Julien Ernst 等（2010）依靠详细的 2D 洪水淹没模拟和高分辨率地理数据提出了一种一致性微观尺度洪水风险分析程序[129]。Showalter（2010）利用地理信息技术确定洪水风险区，分析洪水风险和脆弱性，提出规划措施，并且开发了一个洪水风险分析的模型，适应卢旺达基加利市的特殊性[130]。Samiran Das（2011）等研究了分阶段多层模型来评估与洪水应急系统障碍相关的综合风险[131]。Sun - Kwon Yoon 等（2014）建立了一个考虑水文、社会经济和生态组成部分的综合防洪风险指数（FRI），对韩国汉江流域洪水风险进行分析评估[92]。Singh 等（2014）以流域作为分析单元，提出了一种基于 GIS 技术的模型，用于洪水易发地区的规划、减灾和备灾[132]。2015 年，T. Walczykiewicz 讨论了多标准分析方法便于选择限制洪水风险的事件[133]。同年，Muis 等结合在全球范围内的洪水灾害和土地变化模拟的进步，进行全国范围洪灾风险未来趋势的概率分析，并应用到印度尼西亚，证明全球数据可以成功地用于数据稀缺的国家的概率风险评估[134]。

我国近几十年来也进行了洪灾风险分析的理论研究和实际应用。1996 年，周孝德等建立了二维洪水演进的隐式差分模型，对行君山滞洪区的洪水进行模拟计算，在地理信息系统的支持下，根据计算结果给出了不同时刻洪水淹没图、洪水演进不同时刻的水深、流速分布图等[135]。傅湘、王丽萍等（1999）分析洪水遭遇组合规律，运用概率组合方法估算了水库下游防洪区的洪灾风险率[136]。朱勇华等（2000）建立了汉江中下游防洪体系防洪风险分析数学模型，并研究了汉江中下游防洪体系的防洪风险率[137,138]。2009 年，毛德华等从洪灾危险性分析、洪灾易损性分析和洪灾灾情评估分析等方面进行洪水风险分析，并对国内外防洪减灾形势进行展望[125,127,139]。连健等（2009）考虑影响流域洪水灾害的因子，采用 ArcObjects 语言的相关接口和方法，构建了流域洪水灾害风险分析模型，并对洞庭湖试验区域进行了模型检验，结果良好。2001 年，金菊良、魏一鸣等提出了洪水灾害复杂大系统的概念[140]。杜晓燕等（2008）提出洪灾风险是洪水这一致灾因子与对人类社会造成后果两者的函数，并给出了洪灾风险的定量表达式，并进一步给出了洪灾风险分析流程[141]。周爱霞等（2009）以长江城陵矶—汉口河段进行实例分析，探讨了堤防保护区洪灾风险空间分布的分析方法，建立了一套综合考虑水文不确定性和防洪工程不确定性的堤防保护区洪灾风险研究框架[142]。2011 年，刘家福等基于洪灾风险基本原理，从暴雨致灾因子危险性、孕灾环境稳定性、承灾体易损性出发，利用定性及定量综合分析方法，对亚洲洪灾进行风险综合分析与评价[143]。余铭婧（2013）等基于遥感与 GIS 技术和层次分析法，从时间变化、空间变化两个方面，分析了城市化对甬曹浦地区洪涝灾害风险的影响[144]。李国芳等（2013）探讨了长江三角洲地区城市化对洪灾风险的影响，并通过计算得到洪灾危险性、暴露性、脆弱性和综合风险等评价结果[145]。金玲（2014）通过构建复州河下游河道洪水演进一维水动力模型，模拟计算不同频率的洪水对复州河堤防的影响，分析预测不同频率洪水对应不同易出险的断面位置，有效提高了防洪决策的科学性[146]。李旭和潘安定（2014）运用 GIS 技术和 AHP 模型，选取洪水危险性和承灾体脆弱性为二级指标，年降雨量、防洪因子、经济密度等 9 个三级指标，分析广州市各区域风险，并进行综合评价[147]。

1.4 主要研究内容及方法

1.4.1 研究内容

本书针对秦淮河流域下垫面及水系格局变化特点，探讨城市化发展对下垫面、水系格局以及水文效应的影响，重点研究城市化发展导致的水系连通变化及土地利用变化对区域调蓄能力及暴雨洪水的影响，以及圩垸式防洪对区域暴雨洪水的影响，分析城市化及圩垸式防洪背景下的秦淮河流域洪涝变化规律。主要研究内容包括以下六个方面。

（1）秦淮河流域城市化发展进程。以城市人口占总人口比例计算秦淮河流域城市化率，分析秦淮河流域 1995—2015 年的城市化水平变化情况，得到秦淮河流域不同时期的城市化发展速度及变化趋势。

（2）城市化发展对下垫面及水系格局的影响。根据秦淮河流域不同时期遥感影像、地形图以及土地利用图等资料，分析不同时期城市化发展对流域不透水面、土地利用及地表覆被的影响，重点分析流域内不透水面变化情况、土地利用变化情况、水系结构及水系连通变化过程，探讨其时空变化特征及规律，定量分析城市化发展对流域下垫面及水系格局的影响。

（3）水系连通变化对调蓄能力的影响。构建静态和动态调蓄能力评价指标计算方法，建立流域水文水动力模拟模型，计算不同水系连通条件下的河网静态和动态调蓄能力，分析城市化进程对流域河网调蓄能力的影响，以及水系连通性与调蓄能力之间的响应关系。

（4）土地利用变化对暴雨洪水的影响。根据秦淮河流域土地利用变化规律，构建 CA - Markov 模型，预测 2028 年秦淮河流域土地利用分布的变化过程，并利用水文模型 HEC - HMS 和水力学模型 HEC - RAS 分析土地利用变化对流域水文响应和洪水演进的影响。

（5）圩垸式防洪模式对暴雨洪水的影响。根据秦淮河流域历史水文资料，构建流域水文模型和水力模型，分别模拟分析有无农村圩垸和城市圈圩垸条件下的洪水水文响应过程、不同农村圩垸及城市圈圩垸组合条件下的洪水水文响应过程，以及有无城市群圩垸和不同城市群圩垸条件下的洪水演进过程。

（6）城市化发展对流域洪水风险的影响。运用 Copula 函数分析城市化对洪水风险的影响，以及圩垸式防洪模式对洪水风险的影响。

1.4.2 研究方法

借助遥感、遥测和地理信息系统等技术的支持，采用多学科交叉的研究方法，将宏观和微观相结合、确定性分析与特征统计相结合、水文模拟与地理综合相结合探讨秦淮河流域城市化与圩垸式防洪模式对下垫面与水系格局以及水文效应的影响，重点分析城市化对孕灾环境与洪涝灾害风险的影响。

通过不同时期遥感图像、河网水系图以及长系列历史水文资料，对比分析城市化对流域下垫面、水系格局的影响，研究水系连通变化对调蓄能力的影响，分析土地利用变化对暴雨洪水的影响，研究圩垸式防洪模式对流域暴雨洪水的影响，以及城市化及圩垸式防洪模式对流域洪灾风险的影响。

在此基础上，利用遥感与 GIS 技术，建立城市化地区水文水动力模拟模型，定量分析城市化及圩垸式防洪对流域暴雨洪水的影响，并通过 Copula 函数定量分析城市化及圩垸式防洪对洪灾风险的影响，协调城市化发展、圩垸建设与洪涝灾害的关系，为城市化地区的可持续发展提供支持。

1.5　研究成果简述

本书对我国秦淮河流域城市化下的水文效应及风险评价进行研究，初步揭示出秦淮河流域城市化进程变化，获得城市化下流域的下垫面及水系格局变化规律，河网调蓄能力变化规律，探究得出基于 LUCC 的秦淮河流域暴雨洪水响应规律以及秦淮河流域圩垸式防洪条件下的暴雨洪水响应规律，评价了城市化下的流域洪水风险。其主要研究成果反映在以下几点。

（1）揭示秦淮河流域城市化进程变化。依据江苏省城市化发展进程，在其基础上运用城市人口比重指标分析秦淮河流域 1995—2015 年的城市化水平变化情况。计算南京、溧水、句容三地及秦淮河流域城市化水平，可初步得到以下结论：南京市城市化水平最高，增长率相对较低，年均增长率为 2.60％，2000 年前城市化率保持稳定增长态势，此后迎来数年的高速发展阶段，2006 年城市化增长率达到峰值，随后逐渐开始出现负增长并趋于稳定；溧水与句容城市化水平较低，但增长率相较于南京市更高，年均增长率分别为 8.07％和 7.72％，溧水和句容城市化进程稳步提升；秦淮河流域整体城市化进程从 2000 年开始明显加快，直至 2007 年城市化水平开始趋于平稳，2010 年出现较大幅度下降，随后又进入平稳期。

（2）揭示秦淮河流域下垫面及水系格局变化。根据秦淮河地区的 TM 遥感影像和中巴遥感影像数据，通过混合像元线性分解技术和监督分类获取不透水面及土地利用分布信息，并运用 ArcGIS 水文分析方法对秦淮河流域不同时期的水系进行提取分析，初步得到城市化背景下的秦淮河流域下垫面变化、土地利用变化、水系结构及水系连通变化情况。

秦淮河流域不透水率整体呈增长趋势。在城市化进程的前期，土地利用变化主要为水田、林地向旱地转化，以及少量旱地、水田向建设用地转化；而城市化进程的后期，主要为水田、林地、旱地等土地利用类型直接转化为建设用地。城镇用地面积的增加反映出流域的城市化进程，秦淮河流域包括南京部分、句容市等的城镇用地以各自的城镇区为中心不断向郊区和农村扩张，呈卫星状分布。

在秦淮河流域不同时期水系矢量图的基础上，从河网密度、水面率和河网复杂度三个方面探讨水系数量变化特征，分析结果表明河网水系数量呈不断下降趋势，其中二级、三级河道减少明显，河网呈现主干化趋势；从成环率、连接率、结合率和河网稳定度四个方面探讨水系结构变化特征，分析结果表明河网水系结构趋于简单化，河网呈树状结构。

运用水流阻力、图论与站点间水位差的水系连通计算方法，从河网连通和水文连通两个方面计算水系连通性，结果表明近年来水系连通度呈不断降低趋势，其产生的主要原因是城市人口的快速增长和不透水面积的迅速增加。运用定量分析方法（Pearson 相关分析）得出水系连通变化的主要影响因素是水系数量特征的变化，其中河网密度、水面率和河网复杂度与水系连通度变化之间具有显著相关性。

（3）模拟分析秦淮河流域河网调蓄能力变化。构建静态和动态河网调蓄能力评价指标计算方法，运用 MIKE11 水文水动力模型模拟出秦淮河流域不同洪水规模下不同水系的水位过程，在此基础上计算河网静态和动态调蓄能力，分析水系连通性变化对河网调蓄能力的影响，并提出水系连通性的改善措施。

计算研究区不同年代、不同等级河道的河网静态调蓄能力，得出秦淮河流域近年来河网静态调蓄能力呈现不断下降趋势的结论。运用 MIKE11 模型模拟研究区不同水系、不同洪水规模下的水位过程，计算河网动态调蓄能力，发现河网动态调蓄能力变化趋势与静态调蓄能力变化趋势相同，均呈下降趋势。

水系连通性与河网调蓄能力之间存在一定的相关关系。水系静态调蓄能力和动态调蓄能力随水系连通性的降低而降低。其中水系连通性对静态调蓄能力的影响作用大小受其本身变化原因影响，CR 主要受一级河道影响作用，MCR 主要受二级、三级河道影响作用；水系连通性对动态调蓄能力的影响作用大小受洪水规模的影响，洪水规模等级越大，水系连通性对动态调蓄能力的影响作用越大。

（4）探究基于 LUCC 的秦淮河流域暴雨洪水响应。在流域土地利用变化分析的基础上，采用 CA‐Markov 模型预测秦淮河流域土地利用变化；其次构建秦淮河流域 HEC‐HMS 模型，对土地利用变化的暴雨洪水响应进行研究；最后构建秦淮河流域 HEC‐RAS 洪水演进模型，结合不同量级且具有不同洪水过程线的暴雨事件，研究基于 LUCC 的洪水水文过程变化条件下洪水演进过程的响应规律。

构建 CA‐Markov 模拟模型，以 2010 年为验证期采用 Kappa 系数验证模拟精度，预测自然发展模式、可持续发展模式以及快速城市化发展模式三种发展模式下的秦淮河流域 2028 年土地利用变化并获得相应情景下的土地利用分布。

假设城市化背景下城镇用地面积比例增长 30%、40%、50%，适当确定 CN 值和不透水率等参数，采用 HEC‐HMS 水文模型研究分析得到基于 LUCC 的秦淮河流域暴雨洪水的水文响应规律。不同城镇用地增长比例的洪峰和洪量变化具有同样的规律，即洪水规模越小，洪峰和洪量变化越明显；不同规模的暴雨洪水，随着城镇用地比例增加，洪峰和洪量均呈现一致性增加。对于不同规模的洪水，洪峰、洪量变化程度不一致，反映了快速城市化的以不透水率增长为主要特征的土地利用变化的洪水响应。在子流域尺度上，土地利用变化的洪水响应存在地区差异。

根据水力学模型洪水演进模拟结果，基于 LUCC 的洪水水文过程变化，分析得到不同情景下洪水演进过程的响应规律。对应不透水率增长 30%、40%、50%，不同规模洪水东山站水位模拟最高洪水位、平均洪水位均有不同程度的增加；不同透水率变化情景下，对于不同规模洪水，洪水平均水位和最高水位均具有以下规律，即洪水规模越小，洪水平均水位和最高水位变化越明显；随着流域不透水率的增长，洪水平均水位和最高水位呈现一致增大的趋势。洪水水位变化与土地利用发展模式的城镇化发展水平一致，不同情景的最高洪水水位变化规律不明显，但大致变化趋势与平均洪水水位变化一致。

（5）揭示秦淮河流域圩垸式防洪条件下的暴雨洪水响应。以秦淮河流域为研究区，首先构建 HEC-HMS 降雨径流模型；其次结合不同量级且具有不同洪水过程线的暴雨事件，分别从有无圩垸、不同圩垸组合模式方面分析研究农村圩垸式防洪模式和城市群圩垸式防洪模式对流域洪水的影响，并对未来城镇建设用地比例情景下圩垸式防洪模式对流域洪水的影响进行预测分析；最后利用 HEC-RAS 洪水演进模型，结合不同量级且具有不同洪水过程线的暴雨事件，分别从有无圩垸、不同圩垸组合模式方面分析研究城市群圩垸式防洪模式对流域洪水演进过程的影响，并对未来城镇建设用地比例情景下圩垸式防洪模式对流域洪水演进过程的影响进行预测分析。

1）农村圩垸式防洪模式对流域洪水的影响分析。秦淮河流域农村圩垸式防洪模式较无圩垸防洪模式削减了圩外河道洪水的洪量及洪峰，对流域防洪起到积极作用；洪水规模大小不同，圩垸对洪水洪量的影响程度也不同，洪水规模越小，圩垸对洪量的影响越显著。对不同规模的洪水，流域中不同位置，对流域洪水洪量影响程度基本一致；圩垸不同分布对洪水过程流量的削减均集中分布在前期，农村圩垸分布在流域出口对洪水的洪峰及洪水过程的流量削减程度低于流域中上游圩垸的作用效果。对不同规模洪水，随着流域城市化水平逐渐提高，流域洪量、洪峰与城市化水平呈正相关，农村圩垸式防洪模式对流域洪水的洪量及洪峰的削减程度基本保持不变。

2）城市群圩垸式防洪模式对流域洪水的影响分析。秦淮河流域城市群圩垸式防洪模式较无圩垸防洪模式增大了圩外河道洪水的洪量及洪峰，对流域防洪起到了不利影响；洪水规模大小不同，圩垸对洪水洪量的影响程度也不同，洪水规模越小，圩垸对洪量的影响越显著。对不同规模洪水，流域中不同位置的城市圈圩垸，对流域洪水洪量影响程度基本一致；对流域洪水洪峰影响程度不同，城市圈圩垸分布越靠近流域出口，对洪水的洪峰影响程度越弱，越靠近上游影响越显著。随着流域中城市圈圩垸的增多，圩垸对流域洪水洪量及洪峰的影响程度均逐渐增大，呈线性趋势。对不同规模洪水，随着流域城市化水平逐渐提高，流域洪量、洪峰与城市化水平呈正相关，城市圈圩垸式防洪模式对流域洪水的洪量及洪峰的不利影响程度与城市化水平呈负相关。

3）城市群圩垸式防洪模式对流域洪水演进过程的影响分析。秦淮河流域城市群圩垸式防洪模式较无圩垸防洪模式，增大了圩外河道洪水的水位，对流域防洪起到了不利影响。对不同规模洪水，对流域洪水水位影响程度不同。句容、溧水城市圈圩垸的影响程度基本一致，句容、前埠村、东山城市圈圩垸的影响程度逐渐减弱，城市圈圩垸分布越靠近流域出口对水位的影响程度越弱，越靠近上游影响越显著；随着流域中城市圈圩垸的增多，对流域洪水水位的影响程度逐渐增大，圩垸对流域洪水东山断面最高水位的影响程度均逐渐增大，呈线性趋势。对不同规模洪水，随着流域城市化水平逐渐提高，流域水位与城市化水平呈正相关，城市圈圩垸式防洪模式对流域洪水水位的不利影响程度与城市化水平呈负相关。

（6）分析城市化下的秦淮河流域洪水风险。运用多维概率风险模型，结合建立的 HEC 水文模型得到的秦淮河流域有、无城市圩垸的洪水数据，对城市圩垸的洪灾风险进行分析。无圩垸工况下，洪量、洪峰、洪水位分别对应的边际分布为 ln2 分布、P－Ⅲ 分布、GEV 分布，经过拟合检验，拟合程度较好的依次是 Frank Copula、Clayton Copula、G－H Copula，联合风险模型选择 Frank Copula。计算结果显示，1991 年综合风险最高，2003 年次之。有圩垸工况下，洪量、洪峰、洪水位分别对应的边际分布为 P－Ⅲ 分布、GEV 分布、ln2 分布，经过拟合检验，拟合程度较好的依次是 Clayton Copula、Frank Copula、G－H Copula，联合风险模型选择 Clayton Copula。计算结果显示，1991 年综合风险最高，2003 年次之。对某一量级的洪量，秦淮河流域城市圩垸发生超过该量级洪量洪水的概率大于无圩垸工况下。洪水位、洪峰的超过概率亦如此。当洪量、洪峰、洪水位数值较大时，两者的超过概率差距变小。即圩垸的修筑一定程度上增加了洪灾的风险，但对大规模洪水的影响程度较小。根据联合风险模型，在洪量相同的情况下，有圩垸的工况比无圩垸工况计算的洪灾风险更大，因此，相同重现期下，有圩垸工况的防洪标准设计值也相应增大。

第 2 章

秦淮河流域概况及城市化进程

2.1 秦淮河概况

2.1.1 区域位置概况

秦淮河流域地处北纬 $31°35'\sim32°07'$，东经 $118°43'\sim119°18'$，位于长江下游江苏省境内。流域形状呈方形，长、宽均为 50km 左右，流域面积约为 $2631km^2$。秦淮河有南北两水源，北源为句容河，南源为溧水河。句容河和溧水河在江宁区西北村汇合后称为秦淮河干流。秦淮河干流在江宁东山镇分为两支河流，一支从东山镇河定桥流经铁心桥、西善桥，在雨花区的金胜圩入长江，称秦淮新河；另一支从东山镇往北经七桥瓮入南京城区。这两支河最终分别从流域西北角的武定门和秦淮新河两出水口流出，汇入长江。其地理位置如图 2.1 所示。

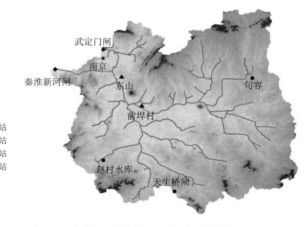

图 2.1 秦淮河流域的地理位置示意图

2.1.2 自然地理特征

（1）地貌特征。秦淮河流域四周为丘陵山地，腹部为低洼圩区，呈蒲扇形，地形为构造盆地。由盆地四周向中心的地貌类型依次为山地丘陵、黄土岗地和平原圩区，其中平原圩区面积约占 1/4。流域北缘为宁镇山脉的山地和丘陵，平均高程为 $300.00\sim400.00m$；东缘则为众多属茅山山脉的山地和丘陵，平均高程为 $250.00\sim400.00m$；南缘则为以中生代岩浆岩和火山碎屑岩为主的丘陵，平均高程为 $200.00\sim350.00m$；西缘则以由岩浆岩和火山碎屑岩为主体的山地丘陵。盆地内的基岩残丘不多，而黄土岗地主要分布于盆地的南北低山与丘陵之间，岗地地形较复杂，地表起伏显著，海拔高程为 10.00～40.00m。

（2）气候水文特征。流域属亚热带湿润、半湿润季风气候区。一年之中温差较大，四季分明，降水比较丰沛。春夏之交，有时出现不稳定天气，局部地区发生冰雹、龙卷风等灾害。6—7月，冷暖气团常在本地区遭遇，形成负面低压和静止锋，出现梅雨期。7—9月，有时受热带风暴或台风影响，发生大暴雨。夏季湿热，太平洋副热带高压控制时，出现晴热高温天气，如前期梅雨量少，底水不足，往往发生旱情。冬季寒冷干燥，常有寒潮侵袭。

1）降水量。流域多年平均降水量 1031mm，自北向南递增。降水量年内分配不均匀，年际变化大。汛期在 5—9 月，平均降雨量为 652mm，占年均降水量的 63%。最大月降水量在 6 月或 7 月。各年降水量的多少，很大程度取决于当年梅雨量的大小。

2）蒸发量。多年平均蒸发量在 1000mm 左右，由北向南递增。6—9 月的总蒸发量达到年蒸发量的一半左右。年际变化也较大。从蒸发量与降水量的对比表明，南京市处于湿润与干旱的过渡地区。

3）径流量。秦淮河流域属于丘陵山区，径流主要由流域内的降雨汇流形成，流域内无其他客水汇入，径流过程与降雨过程一致，具有年际变化大，年内不均的特点。径流量主要集中在汛期（5—9 月），其径流量占全年 60%～70%。根据武定门闸水文站 1960—1978 年的实测资料分析，秦淮河流域多年平均年径流量为 6.95 亿 m^3，相应径流深 272mm；最大年径流量 15.2 亿 m^3（1956 年），最小年径流量 0.281 亿 m^3（1978 年），极值比达 54，径流量年际变化较大。

4）水系。秦淮河有溧水河、句容河两源。溧水河出自溧水县东庐山，句容河出自句容县宝华山和茅山，两源在江宁县西北村汇为秦淮河干流，北流至南京三汊河入长江。秦淮河流域总集水面积为 2631km²，江宁占 41%，溧水占 17.5%，南京占 7.7%，镇江市的句容县占 33.8%。溧水河长约 35km，上段分一、二、三干河，分别承中山水库、方便水库、西横山水库来水，在江宁县有横溪河汇入，至西北村汇入秦淮河干流，集水面积约 680km²，占总流域的 26%；句容河长约 41km，上接北山水库，在句容县有句容水库及赤山湖，并有北河、中河、南河经赤山闸汇入，在江宁县有索墅西河、索墅东河、解溪河、汤水河汇入，至西北村汇入秦淮河干流，集水面积约为 1260km²，占总流域的 48%；秦淮河干流长约 34km，自西北村北流，在江宁区有云台山河、牛首山河汇入，在南京有响水河、运粮河汇入，至江宁区东山街道分为两支，北支过市区，在通济门外与护城河汇流，绕城南、城西后于三汊河入长江，实际排洪能力约 400m³/s，西支为秦淮新河，经南京西善桥至金胜村入长江，长 16.8km，设计排洪流量 800m³/s。

2.1.3　洪涝灾害

秦淮河流域四面环山，中间低平，地貌以丘陵、山地为主，流域面积相对较小，流域内的河流多为山丘型河道，具有河源短、水流急、河谷浅的特征，流域蓄水能力较低，洪水以扇形的形式向干流汇集，洪水水位涨幅大，洪峰高，秦淮河干流和秦淮新河又受长江潮位顶托影响，泄流能力受阻，洪水出路不足，容易产生洪涝灾害。

20 世纪 90 年代以来，秦淮河流域城镇化进程不断加快，区域不透水面积增加，城市土地利用发生改变，河网水系结构遭到破坏，水系数量和连通性减小，导致区域洪水洪峰和洪量显著增加，洪涝灾害问题日渐严重。根据历史资料统计，自 20 世纪以来，秦淮河共发生洪涝灾害 12 次，分别发生于 1931 年、1954 年、1969 年、1974 年、1983 年、1991 年、1998 年、2002 年、2003 年、2007 年、2015 年和 2016 年，1990 年之后，洪涝灾害发生频率明显增加；除此之外，流域洪水在 1991 年、2003 年、2007 年、2015 年和 2016 年的 7d 洪量分别为 6.14 亿 m^3、5.36 亿 m^3、4.88 亿 m^3、6.13 亿 m^3 和 7.58 亿 m^3，洪量呈现上升趋势[148]，区域防洪压力加大。

2.2 城市化进程分析

2.2.1 城市化指标

城市化水平直接反映了一个国家或地区的社会进步和经济发展状况，衡量地区城市化水平是对城市化进程所在阶段的评价，有助于确定城市化阶段性发展目标和保证城市化之路的健康、有序进行。在《城市规划基本术语标准》中，城市化定义为人类生产和生活方式由乡村型向城市型转化的历史过程，它表现为乡村人口向城市人口转化以及城市不断发展和完善的过程。城市化主要有以下三种表征指标：城市人口比重指标、非农业人口比重指标、城市用地比重指标。

（1）城市人口比重指标。城市人口比重指某一地区内的城市人口占总人口的比重，它的实质是反映了人口在城乡之间的空间分布，具有较好的可靠性。但是，由于实际管理中，行政区划的变更，会导致城市人口的突变，造成城市化水平的不正常波动，缺乏连续性，给指标判定带来了困难。

（2）非农业人口比重指标。非农业人口比重指某一地区内的非农业人口占总人口的比重。这个指标体现了城市化进程中，经济发展创造新的产业结构、新的职业，人口也从农业户口向城市户口流动，城市化的基本特征及生产方式变革的广度与深度提升。

（3）城市用地比重指标。城市用地比重指以某一区域内的城市建成区用地占区域总面积的比重，反映当地的城市化水平。随着遥感技术的发展，可以通过对比不同时期的遥感图像，来快速地动态监测城市化城区建设扩张的进程，对城市化进程进行分析。

2.2.2 城市化进程

为分析秦淮河流域城市化发展规律，首先借鉴江苏省 1949—2008 年以来城市化发展水平，江苏省城市化大体分为以下五个发展阶段。

（1）初步发展阶段（1949—1957 年）。城镇人口占总人口的比重由 1949 年的 12.4% 上升到 1957 年的 18.7%。

（2）波动倒退阶段（1958—1978 年）。1958 年，城镇人口占总人口的 19.5%；1960 年最高，达到 20.62%；1961 年起城镇人口数开始减少；1970 年降至最低，为 12.5%；此后开始缓慢回升，1978 年城镇人口比重达到 13.73%。

（3）稳定发展阶段（1979—1989 年）。期间，城镇人口由 874 万人增加到 1366 万人，增长了 56.1%，年均增长 4.55%，城镇人口比重上升 6.1 个百分点。

（4）加速发展阶段（1990—1997 年）。期间，城镇人口增长 46.2%，年均增长 5.58%，城镇人口比重由 21.56% 提高到 29.85%。

（5）高速发展阶段（1998—2008 年）。这一阶段，城镇人口由 2262.47 万人增加到 4168.48 万人，年均增加 190.60 万人，增长 84.24%，年均增长 6.30%，城镇人口比重由 1998 年的 31.5% 上升到 2008 年的 54.3%。

为分析秦淮河流域城市化进程时，选取江苏省人类活动最为剧烈的城市化高速发展阶段并将 1998—2008 年的时间区间适当放大，分析秦淮河流域 1995—2015 年的城市化水平变化情况。衡量城市化发展程度的数量指标一般采用城市化率，即用某地域内城市人口占总人口比例来表示。通过查阅《南京统计年鉴》《溧水年鉴》《镇江统计年鉴》，统计南京、溧水、句容三地的总人口与城市人口，分别计算其城市化率。南京市城市化水平计算结果见表 2.1。

表 2.1　　　　　　　　　　　　南京市城市化水平计算表

序号	年份	城市人口/万人	总人口/万人	城市化率/%	增长率/%
1	1995	259.04	521.72	49.65	—
2	1996	264.85	525.43	50.41	1.52
3	1997	270.11	529.82	50.98	1.14
4	1998	276.23	532.31	51.89	1.79
5	1999	287.03	537.44	53.41	2.92
6	2000	309.52	544.89	56.80	6.36
7	2001	323.86	553.04	58.56	3.09
8	2002	339.35	563.28	60.25	2.88
9	2003	391.67	572.23	68.45	13.61
10	2004	418.39	583.6	71.69	4.74
11	2005	435.3	595.8	73.06	1.91
12	2006	607.23	719.06	84.45	15.58
13	2007	617.16	741.3	83.25	−1.41
14	2008	624.46	758.89	82.29	−1.16
15	2009	629.77	771.31	81.65	−0.77
16	2010	632.42	800.76	78.98	−3.27
17	2011	636.36	810.91	78.47	−0.64
18	2012	638.48	816.1	78.24	−0.30
19	2013	643.09	818.78	78.54	0.39
20	2014	648.72	821.61	78.96	0.53
21	2015	670.40	823.59	81.40	3.09

由表 2.1 可知，南京市在 2000 年前城市化率保持稳定增长态势，此后迎来数年的高速发展阶段，2006 年城市化增长率达到峰值，较上一年增长了 15.58%，随后逐渐开始出现负增长并趋于稳定。

溧水、句容两地的城市化水平计算结果见表 2.2。

表 2.2 溧水、句容城市化水平计算表

序号	年份	城 市 化 率		增 长 率	
		溧水	句容	溧水	句容
1	1995	11.09%	15.86%	—	—
2	1996	11.78%	16.77%	6.23%	5.78%
3	1997	12.35%	17.53%	4.80%	4.55%
4	1998	12.91%	18.00%	4.57%	2.65%
5	1999	13.51%	19.10%	4.59%	6.13%
6	2000	16.27%	22.17%	20.43%	16.06%
7	2001	18.11%	22.35%	11.31%	0.78%
8	2002	18.89%	23.40%	4.34%	4.73%
9	2003	19.96%	32.03%	5.66%	36.88%
10	2004	24.93%	32.60%	24.88%	1.76%
11	2005	26.68%	34.36%	7.03%	5.41%
12	2006	28.46%	34.39%	6.66%	0.08%
13	2007	30.35%	46.05%	6.66%	33.91%
14	2008	32.37%	47.03%	6.66%	2.11%
15	2009	34.53%	45.87%	6.66%	−2.46%
16	2010	39.92%	46.14%	15.63%	0.58%
17	2011	40.37%	46.99%	1.13%	1.85%
18	2012	40.69%	42.39%	0.78%	−9.79%
19	2013	43.61%	42.40%	7.18%	0.03%
20	2014	—	57.48%	—	35.56%

综合分析表 2.1 和表 2.2，从空间上来看：秦淮河流域所覆盖的三个城市圈中，南京市城市化水平最高，且增长率相对较低，年均增长率为 2.60%；溧水与句容城市化水平较低，但增长率相对较高，年均增长率分别为 8.07% 和 7.72%。从时间上看，除南京市在 2007—2012 年间城市化水平略有降低外，其余年份各地均保持稳定增长态势，2007 年前增幅较大，年均增长率为 5.04%；2007 年后增幅放缓，年均增长率为 0.54%。

秦淮河流域城市化水平计算结果见表 2.3。

表 2.3 秦淮河流域城市化水平计算表

序号	年份	城市人口/万人	总人口/万人	城市化率/%	增长率/%
1	1995	273.09	622.55	43.87	—
2	1996	279.77	626.53	44.65	1.80
3	1997	285.7	630.75	45.30	1.44
4	1998	292.31	633.09	46.17	1.94

序号	年份	城市人口/万人	总人口/万人	城市化率/%	增长率/%
5	1999	303.98	637.99	47.65	3.19
6	2000	329.3	644.86	51.07	7.18
7	2001	344.46	652.9	52.76	3.32
8	2002	360.89	663.11	54.42	3.16
9	2003	418.66	671.65	62.33	14.53
10	2004	447.48	682.32	65.58	5.21
11	2005	466.01	694.2	67.13	2.36
12	2006	638.7562	817.7422	78.11	16.36
13	2007	656.2098	840.0259	78.12	0.01
14	2008	664.955	857.811	77.52	−0.77
15	2009	670.6263	870.6076	77.03	−0.63
16	2010	675.9	900.57	75.05	−2.57
17	2011	680.88	911.53	74.70	−0.47
18	2012	680.46	916.82	74.22	−0.64
19	2013	686.54	920.05	74.62	0.54
20	2014	682.66	880.66	77.52	3.88
21	2015	670.4	823.59	81.40	5.01

从秦淮河流域整体来看（表2.3），从2000年开始城市化进程明显加快，直至2007年城市化水平开始趋于平稳，2010年出现较大幅度下降，随后又进入平稳期。

2.3 小结

秦淮河流域位于长江中下游，流域内年际降水量及蒸发量具有年内分配不均的特点，且流域中下游地势较为平坦，受长江洪水位顶托作用，常陷入外洪顶托、内涝难排的尴尬局面。此外流域内包含特大城市南京的部分城区以及句容，是江苏省经济发达地区，是我国经济发展的核心区域，长期以来，流域内商贸发达，第三产业发展水平高，城市化特征显著，随着城市化的快速推进，区域洪涝风险增高。为探索秦淮河流域城市化下的水文效应及风险，本章节依据江苏省城市化发展进程，在其基础上运用城市人口比重指标分析秦淮河流域1995—2015年的城市化水平变化情况，主要研究结论如下：

（1）南京市城市化水平较高，2000年之前城市化率保持稳定增长态势，至2006年城市化增长率达到峰值，较上一年增长15.58%，随后逐渐开始出现负增长并趋于稳定。

（2）溧水与句容城市化水平较低，但增长率相较于南京市更高，年均增长率分别为8.07%和7.72%，溧水和句容城市化进程稳步提升。

（3）秦淮河流域整体城市化进程从2000年开始明显加快，一直到2007年城市化水平开始趋于平稳，2010年出现较大幅度下降，随后又进入平稳期。

第 3 章

秦淮河流域下垫面及水系格局变化

3.1 城市化背景下的不透水面变化

3.1.1 数据源的选取

美国陆地资源卫星（Landsat）上搭载的 TM/ETM＋传感器获取的遥感影像，因具有较高的空间分辨率和波谱分辨率、极为丰富的信息量以及较高定位精度，可满足包括农、林、水、土、地质、地理、测绘、区域规划、环境监测等专题分析和编制 1:100 万或更大比例尺专题图，现已成为世界上利用最为广泛的地球资源与环境遥感数据源。在利用遥感影像进行下垫面特征的信息提取中，选择可利用的秦淮河流域遥感影像数据源，见表 3.1。

表 3.1　　　　　　　　　　　　秦淮河流域遥感影像数据

年份	数据类型	分辨率/m	用　途
1979	MSS	60	提取不透水面
1988	TM	30	提取不透水面
1994	TM	30	提取不透水面
2001	ETM	30	提取不透水面
2003	ETM	30	提取不透水面
2006	TM	30	提取不透水面
2006	中巴	20	验证提取精度
2007	中巴	20	提取不透水面
2008	中巴	20	提取不透水面
2009	中巴	20	提取不透水面

3.1.2 不透水面特征提取及时空变化分析

下垫面特征的提取采用遥感影像专业处理软件 ERDAS 进行解析处理。

（1）不透水面提取技术路线。选用 1979—2009 年秦淮河地区的 TM 遥感影像和中巴遥感影像数据为数据源，进行下垫面特征的提取。其技术路线如图 3.1 所示。

1）几何纠正。利用 1979—2009 年中巴和 TM 影像数据进行不透水面提取，必须保证不同时期遥感影像在同一坐标系下，即需要进行图像配准。选取 2001 年 TM 遥感影像为参考影像，将其他影像进行几何纠正，采用二次多项式的坐标进行拟合。

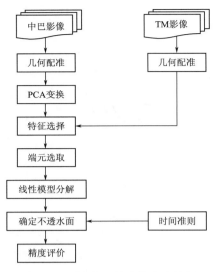

图 3.1 不透水面提取技术路线图

2）PCA 变换。由于中巴影像和 TM 影像的波段信息不同，为了满足混合像元分解技术求解丰度信息的要求，需增加中巴影像的波段信息。通过大量实验发现，将中巴原始影像做主成分变化，取前两个主成分与中巴原始遥感影像进行融合，得到信息和波段较多的新影像，可以获得较好的分解效果。

3）基于 VIS 模型线性分解技术。基于混合像元线性分解技术获取不透水面信息。通过分析研究区地物的特征，选取植被、高反照度、低反照度和土壤四种端元，模拟影像的波谱特征。通过 MNF 方法或者 PCA 变化等方法获取比较纯净的端元：植被、裸土、高照度地物和低照度地物。基于混合像元分解技术获取四种端元的丰度图。

4）不透水面信息确定。首先通过水体指数或者监督分类方法，将低照度中的水体剔除，再通过建立高照度地物和低照度地物的定量模型来获取初步的不透水面信息。

5）时间准则。构建时间规则（如果像元已是不透水面，其不再转变成非不透水面），并将其运用到初步提取的不透水面分布图，最终得到 1979—2009 年秦淮河流域不透水面分布图。

（2）精度评价。

1）均方根误差（RMSE）。分解结果的均方差统计影像能够很好地反映分解结果的准确性，能直接用来对分解结果进行评价，得到每年的均方差统计影像。统计数据表明，每年秦淮河流域研究区的 RMS 的平均值为 0.15，每个像元的 RMSE 最大 0.2。达到了精度要求，终端地类光谱值准确，分解精度高，分解结果可靠。

2）混淆矩阵精度评价。为了验证最后提取不透水面的精度，采用传统的混淆矩阵精度评价方法，对最终的不透水面进行精度评价。其精度评价表见表 3.2。由表可知，不透水面的提取精度都在 85% 以上，可以作为分析城市化带来水文效应的可信指标。

表 3.2　　　　　　　　　　混淆矩阵精度评价表

年份	数据类型	总体精度	Kappa 系数
1979	MSS	88.75%	0.77
1988	TM	93.25%	0.868
1994	TM	88.56%	0.77
2001	ETM	91.52%	0.83
2003	ETM	89.00%	0.78
2006	TM	94.25%	0.89
2006	中巴	93.15%	0.88
2007	中巴	89.00%	0.77
2008	中巴	90.23%	0.80
2009	中巴	93.02%	0.86

（3）不透水面时空变化分析。基于混合像元分解技术和时间规则分别提取的1979年、1988年、2003年和2006年不透水面，如图3.2所示，2003年及2006年不透水面明显增加，且增长幅度较大。

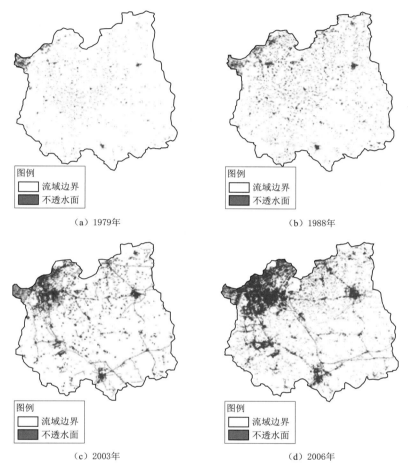

（a）1979年　　　　　　　　　　　　　（b）1988年

（c）2003年　　　　　　　　　　　　　（d）2006年

图 3.2　不透水面提取图

为进一步分析秦淮河流域不透水面时空变化特征，统计1988—2006年的秦淮河流域不透水率，绘制秦淮河流域不透水率变化曲线图，如图3.3所示。秦淮河流域不透水率整

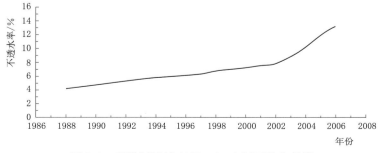

图 3.3　秦淮河流域1988—2006年不透水率值

体呈增长趋势，1988—2002 年不透水率缓速增长，2002 年之后，不透水率快速增加，增长速度几乎为原有增长速度的 2 倍，城市化进程明显加快。

3.2 城市化背景下的土地利用变化

3.2.1 数据源选取

基于研究需要，从地理空间数据云网站下载 1992 年、2001 年、2010 年等多期 Lansat5TM 多期影像数据，并借助 ENVI 工具实现遥感数据的解译。数据具体说明见表 3.3。

表 3.3　Lansat5 TM 遥感影像数据

影像类型	主题成像仪	分辨率/m	年份	作　用
Lansat5	TM	30	1992	土地利用分类
			2001	
			2010	

3.2.2 土地利用变化分析

为进行土地利用/土地覆被变化及其水文效应等研究，需要对土地进行分类。结合国家土地分类具体标准和秦淮河流域的实际情况，将研究区的土地利用类型分为城镇用地、旱地、林地、水体和水田，具体情况见表 3.4。

表 3.4　秦淮河流域土地利用分类体系

土地利用类型	含　义	土地利用类型	含　义
城镇用地	城乡居民用地、工商、交通用地等	水体	河流、湖泊、水库等自然或人工水利工程等
旱地	种植旱作物耕地、裸土地等	水田	种植水生农作物,如水稻、莲藕等
林地	林地、园地、灌木地、草地等		

采用 ENVI 软件对秦淮河流域土地利用进行监督分类，监督分类处理流程如下：①样本选择：基于 3 条、4 条、5 条带，2%线性拉伸 TM 影像数据预处理，进行城镇用地、旱地、林地、水体、水田的 ROI 选择，并进行可分离度检验；②分类器选择：此次研究选用最大似然法；③影像分类：此步骤中利用已生成的秦淮河流域 shp 文件对 TM 标准幅影像数据进行裁剪，获得研究区 TM 影像；④分类处理：对小斑块进行去除，主要包括多数分析和少数分析，以及聚类处理；⑤结果验证：基于 ROI 的混淆矩阵分类后评价，可获得土地利用分类总体精度和 Kappa 系数。计算结果表明秦淮河流域土地利用分类总体精度和 Kappa 系数均在 0.95 以上，分类结果具有很好的可信度。

在 ENVI 处理的基础上，利用 GIS 对土地利用初步分类结果进行裁剪和重分类处理，获取秦淮河流域 2001 年土地利用分类结果。1992 年、2001 年、2010 年土地利用分类结果如图 3.4 所示。

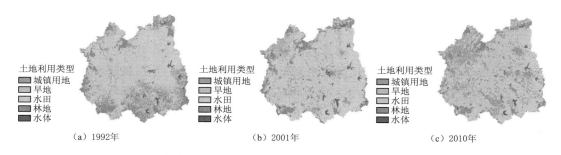

（a）1992年 　　　　（b）2001年 　　　　（c）2010年

图 3.4　秦淮河流域 1992 年、2001 年、2010 年土地利用分类图

根据分类好的土地利用图（图 3.4），对秦淮河流域土地利用类型进行统计，并结合秦淮河流域现状资料，分析流域土地利用变化的特征如下。

（1）1992—2001 年，流域土地转化主要有两类，即由水田、林地向旱地转化，以及少量旱地、水田向建设用地转化。2001—2010 年，主要是水田、林地、旱地等土地利用类型直接转化为建设用地。

（2）流域城镇用地面积的增加反映流域的城市化进程。秦淮河流域包括南京市部分地区、句容市等，伴随城市化水平的逐渐提高，城镇用地以各自的城镇区为中心不断向郊区和农村扩张，呈卫星状分布。

3.3　城市化背景下的水系结构变化

3.3.1　数据源的选取

结合秦淮河流域城市化发展进程，选取 1990 年、2000 年、2010 年和 2015 年为研究期，通过 GIS 和 Google Earth 相结合的方法进行河网水系提取，获得不同时期的河网水系矢量图，为水系数量、结构及连通度变化分析做准备。

1990 年水系图通过扫描纸质地图，与 Google Earth 历史影像图对比修正得到，2000年、2010 年和 2015 年水系通过 ArcGIS 平台对研究区 DEM 数据进行水文分析提取，并将生成的河网水系对照 Google Earth 历史影像图进行适当修正得到。其中 DEM 数据来源于中国科学院计算机网络信息中心地理空间数据云平台，2000 年水系基础数据选用分辨率为 90m 的 SRTM 高程数字模型，2010 年和 2015 年水系基础数据选用分辨率为 30m 的 ASTER GDEM 高程数字模型。

2000 年、2010 年和 2015 年水系提取及修正主要分为以下几个步骤：①获取研究区相应 DEM 高程数据；②运用 GIS 中的水文分析工具对原始 DEM 进行流向分析并填洼；③获得无洼地 DEM 并计算累积流量；④确定阈值生成河网；⑤平滑河网生成河流连接；⑥河网矢量化；⑦根据 Google Earth 历史影像资料对河道进行几何校正。

3.3.2　水系提取及分级

秦淮河流域河道交错纵横，人类活动的影响严重，自然河道与人工河道相结合，不再具备明显的上下游关系特征，传统的 Strahler 和 Horton 分级方法存在一定的局限性。因此，结合研究区河道特征，以河道宽度和重要程度为依据对河流进行分级划分，划分标准如下。

（1）一级河道。一级河道为流域主要防洪排涝的主干河道，端点多为入流边界或出流边界，在河网中起到关键连接作用，河道平均宽度大于等于 40m。

（2）二级河道。二级河道连接主干河道的次要河道，河道平均宽度大于 20m，具备空间拓扑特征。

（3）三级河道。三级河道平均宽度小于 20m，多为断头河和河槽，一般在河网水系中起调蓄作用。

依据水系提取和分级方法，秦淮河流域 1990 年、2000 年、2010 年和 2015 年河网水系矢量图如图 3.5 所示。

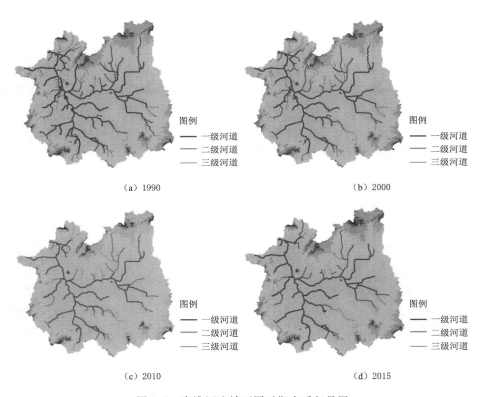

图 3.5　秦淮河流域不同时期水系矢量图

3.3.3　水系数量及结构特征变化

（1）指标选取。水系数量和结构特征分析是进行河网形态和功能分析的重要研究基础[84]，水系数量和结构形态的变化对水文情势变化、水系功能的发挥具有重要的影响作用。在水系矢量化和水系分级的基础上，根据秦淮河流域河网特征，将河道与河道之间的交叉点作为节点，河道与节点一起构成水系网络，选取河网密度、水面率、河网复杂度作为水系数量评价指标，表征水系长度和面积等数量特征的变化情况；选取河网结构稳定度和景观生态学中常用的成环率、连接率、结合率作为水系结构评价指标，表征秦淮河流域不同时期水系形态及空间拓扑结构的演变进程。不同水系数量及结构指标参数含义及计算方法见表3.5。

表 3.5 水系数量、结构参数含义及计算方法

	结构指标参数	含　义	计　算　方　法
水系数量	河网密度（DR）	流域单位面积上的河流总长度，表示河流长度的发育情况	$DR=L/A$ 式中：L——流域内河流的总长度； 　　　A——流域总面积
	水面率（WP）	流域内河道或湖泊等的水域面积发展现状	$WP=A_L/A$ 式中：A_L——流域内河道或湖泊总面积
	河网复杂度（CR）	河网数量和长度的发育程度	$CR=N_0(L/L_m)$ 式中：N_0——河流等级数； 　　　L_m——干流总河长
水系结构	河网结构稳定度（SR）	河流长度与面积的不同步演变，表示河网结构的稳定程度	$SR=(L_{i+n}/A_{R_{i+n}})/(L_i/A_{R_i})$ 式中：L_{i+n}、L_i——第 $i+n$ 年和第 i 年的总河长； 　　　$A_{R_{i+n}}$、A_{R_i}——第 $i+n$ 年和第 i 年的河道总面积
	成环率（α）	河道连接网络中现有环路存在程度	$\alpha=(N-V+1)/(2V-5)$ 式中：N——河网水系数量； 　　　V——水系网络节点数，$V \geqslant 3$
	连接率（β）	河网中每个节点平均连接的河链数	$\beta=\dfrac{N}{V}$
	结合率（γ）	河网中各节点之间的实际连接程度	$\gamma=N/N_{max}=N/3(V-2)$ 式中：N_{max}——最大可能连接线的数目

（2）水系数量特征变化。基于秦淮河流域数字水系矢量图，使用ArcGIS平台中的计算几何工具统计获得研究区流域总面积、各级河道长度、河道总面积等，根据表征水系数量特征的各项指标计算公式，计算得到各项指标变化情况见表3.6。秦淮河流域近25年来河网密度由0.2538减少至0.1621，水面率由1.45%减少至1.01%，河网复杂度由6.1481减少至5.0430，河网密度、水面率和河网复杂度总体呈降低趋势，秦淮河流域河网水系总体呈现出较为剧烈的萎缩趋势。

表 3.6 秦淮河流域不同时期水系数量特征变化情况

水系数量指标		1990 年	2000 年	2010 年	2015 年	1990—2000 年变化率	2000—2010 年变化率	2010—2015 年变化率
河网密度/（km/km²）	一级	0.1239	0.1035	0.0990	0.0964	−16.47%	−4.32%	−2.59%
	二级	0.0621	0.0567	0.0438	0.0388	−8.76%	−22.71%	−11.31%
	三级	0.0679	0.0613	0.0312	0.0268	−9.64%	−49.15%	−13.96%
	合计	0.2538	0.2214	0.1740	0.1621	−12.76%	−21.44%	−6.82%

水系数量指标		1990 年	2000 年	2010 年	2015 年	1990—2000 年 变化率	2000—2010 年 变化率	2010—2015 年 变化率
水面率	一级	1.18%	0.97%	0.89%	0.86%	−18.05%	−7.72%	−3.78%
	二级	0.18%	0.17%	0.12%	0.11%	−4.29%	−27.58%	−13.06%
	三级	0.09%	0.08%	0.05%	0.04%	−8.35%	−42.78%	−4.30%
	合计	1.45%	1.22%	1.06%	1.01%	−15.78%	−12.83%	−4.87%
河网复杂度		6.1481	6.4213	5.2722	5.0430	4.44%	−17.90%	−4.35%

秦淮河流域不同时期河网密度、水面率和河网复杂度呈现出不同的变化趋势。河网密度在 2000—2010 年期间变化最为剧烈，下降速度将近为 1990—2000 年的 2 倍，2010—2015 年变化速率放缓；水面率在 1990—2000 年间变化较大，2000—2010 年次之，2010—2015 年变化最小；河网复杂度在 1990—2000 年期间有明显的提升，但到 2000 年之后开始迅速下降，至 2010 年下降速度放缓。从不同阶段变化趋势上来看，不同水系结构指标存在明显差异，进一步探索其原因，将水系按照一级、二级和三级河道进行比较分析，其中一级河道河网密度和水面率降低趋势呈现"快—慢—慢"的特征，而二级、三级河道河网密度和水面率呈现"慢—快—慢"的变化趋势，说明秦淮河流域河网密度的改变主要由二级、三级河道减少导致，水面率的变化主要由一级河道减少导致。第一阶段一级河道减少速率大于二级、三级河道，导致总河长下降速度小于一级河道下降速度，河网复杂度在第一阶段小幅度增长，第二、第三阶段一级河道下降速度放缓，二级、三级河道下降速度提升，河网复杂度降低，河网主干化特征逐渐形成。

（3）水系结构特征变化。根据表征水系结构变化的评价指标计算方法，对秦淮河流域不同时期水系结构特征指标进行计算，计算结果见表 3.7。整体来看，水系结构特征变化整体与水系数量特征变化趋势相同，其中河链数、节点数、成环率、连接率均呈现不断降低趋势，但结合率和河网稳定度前期呈不断下降趋势，后期呈上升趋势。

表 3.7　　　　　　　秦淮河流域不同时期水系结构特征变化情况

指标名称	1990 年	2000 年	2010 年	2015 年	1990—2000 年 变化率	2000—2010 年 变化率	2010—2015 年 变化率
河链数	325	237	133	94	−27.08%	−43.88%	−29.32%
节点数	293	222	131	93	−24.23%	−40.99%	−29.01%
成环率 α	0.0568	0.0364	0.0117	0.0110	−35.92%	−67.86%	−5.98%
连接率 β	1.1092	1.0676	1.0153	1.0108	−3.75%	−4.90%	−0.44%
结合率 γ	0.3723	0.3591	0.3437	0.3443	−3.55%	−4.29%	0.17%
河网稳定度	—	1.0359	0.9012	0.9856	—	−13.00%	9.37%

1990—2000 年河链数、节点数分别减少 27.8%、24.23%，2000 年之后减少速度迅速增加，分别下降 60.34%、58.11%，下降速率分别为前期下降速率的 1.5 倍和 1.6 倍，这与 2000 年后二级、三级河道大量减少有关；成环率和连接率 1990—2000 年下降速度较 2000—2010 年下降速度剧烈，下降速度分别增加 1.9 倍、1.3 倍，2010—2015 年下降速度

明显降低，下降速度仅为 0.44％，水系结构变化趋于稳定；结合率整体呈下降趋势，但在 2010 年之后呈现上升趋势，数值接近于 1/3，这是由于水系变化趋于稳定，河网呈现树状结构，河链数与节点下降速度趋于同步；河网结构稳定度由 1.0359 变为 0.9856，秦淮河流域水系变化规律表现为先水域面积（河道宽度）的减少，后河流长度的减少，结构稳定度变化呈"先减后增"变化趋势，说明城市化发展越快，河网稳定度越低，当城市化达到一定程度时，河道长度与面积缩小速度趋于一致，河网稳定度提高。

3.4　城市化背景下的水系连通变化

3.4.1　水系连通性评价方法

水系连通由河流各项特征参数及水文过程所决定，为全面考虑河网形态特征、不同类型河道的输水能力及流域内的水文过程，本书运用水流阻力和图论的方法计算河网连通度，运用站点间水位差计算水文连通度，两者加权获得水系连通度。

（1）将秦淮河流域数字河网概化为图模型，考虑不同河道输水能力的差别，将水流阻力 R_H 的倒数作为边权值 ω[149]。

$$R_H = l/v = t = l \times n \left[\frac{(b+mh)h}{b+2h\sqrt{1+m^2}} \right]^{-2/3} \tag{3.1}$$

$$\omega = 1/R_H = \frac{1}{l \times n} \left[\frac{(b+mh)h}{b+2h\sqrt{1+m^2}} \right]^{2/3} \tag{3.2}$$

式中：v 为平均流速；l 为河长；n 为曼宁糙率；b 为河道底宽；h 为水深；m 为边坡系数。

（2）用邻接矩阵 $\boldsymbol{R}$ 表示河网图，r_{ij} 为顶点 v_i 和 v_j 之间的水流通畅度[150]。为防止 r_{ij} 为 0 或 r_{ij} 较小时，顶点 v_i 和 v_j 之间的水流通畅度无法计算或错算漏算，运用矩阵乘法得到 $\boldsymbol{R}^k$。

$$r_{ij} = \begin{cases} \sum_i^{m_{ij}} 1/R_{H_{ij}}^l & （v_i \text{ 和 } v_j \text{ 之间至少有一条边直接相连}, i \neq j） \\ 0 & （v_i \text{ 和 } v_j \text{ 之间不存在边直接相连}, i = j） \end{cases} \tag{3.3}$$

$$\boldsymbol{R}^k = \sum_{p=1}^n r_{ip}^{(k-1)} r_{pj} \tag{3.4}$$

$$R_{(k)}^k = (r_{ij}^{(k)}) s \times s$$

$$r_{ij}^{(k)} = \sum_{p=1}^s r_{ip}^{(k-1)} r_{pj}$$

式中：m_{ij} 为顶点 v_i 和 v_j 之间连接的河道数；$R_{H_{ij}}^l$ 为顶点 v_i 和 v_j 之间第 l 条相连河道的水流阻力；$r_{ij}^{(k)}$ 为顶点 v_i 和 v_j 间有 $k-1$ 个其他节点时的水流通畅度；p 为节点编号。

（3）修正。由于河道交错纵横，在河网水系概化为图模型的过程中，常会出现部分河道被打断为多段长度较短河道的情况，而边权值 ω 的计算过程中，河道长度较短时，ω 会出现值较大的情况，导致在进行水流畅通计算时，计算结果偏大的情况出现，最终导致计算结果不准确。为避免该类情况出现，经过多次测算，发现河道长度小于 150m 时，ω 值多大于 0.3，导致水流畅通度偏大，因此在进行河网概化的过程中，首先对河道长度进行筛选，其次对 ω 值进行筛选，将长度小于 150m 和 ω 大于 0.3 的河道与邻近河道进行合并，如图 3.6 所示。

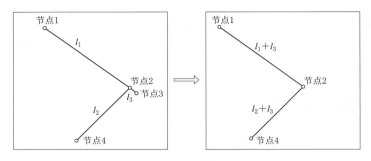

图 3.6　河道修正

（4）根据河网邻接矩阵建立水流通畅度矩阵 $\boldsymbol{F}=(f_{ij})_{n\times n}$，$f_{ij}$ 为 v_i 和 v_j 之间水流通畅度的最大值。进而计算出任一节点的水流通畅度 D_i 以及河网连通度 D。

$$f_{ij}=\begin{cases}\max r_{ij}^{(k)},(k=1,2,\cdots,n-1;i\neq j)\\ 0,(i=j)\end{cases} \tag{3.5}$$

$$D_i=\sum_{j=1}^{n}f_{ij},(i=1,2,\cdots,n;j\neq i) \tag{3.6}$$

$$D=\frac{1}{n}\sum_{i=1}^{n}D_i,(i=1,2,\cdots,n) \tag{3.7}$$

水文连通度指物质和能量（水、营养物质、沉积物、热量等）以水为介质，在河岸带间的流动和运输能力，这一能力可根据水流时间运行长短、流量变化、水位变化以及水温变化等指标来进行定量计算[151]。秦淮河流域大部分属于平原河网地区，其水位变化与河网纵向连通性基本一致，具有显著的相关性，并且流域内各个站点间的水位具有较大联系[152,153]，故本书运用站点间的水位差来计算水文连通度。为避免水位差为 0 时无法计算，以及水位差为负时水文连通度为负的情况出现，于是定义：

$$C_h=\frac{1}{|\Delta Z|+1} \tag{3.8}$$

式中：C_h 为水文连通度；ΔZ 为相邻站点的水位差。

（5）由于河网连通度与水文连通度计算结果单位不同且常常不在同一个量级，为方便进行加权求和，将其结果进行归一化处理：

$$D'=\frac{D-D_{\min}}{D_{\max}-D_{\min}} \tag{3.9}$$

$$C_h'=\frac{C_h-C_{h\min}}{C_{h\max}-C_{h\min}} \tag{3.10}$$

式中：$D_{\min}$ 和 $C_{h\min}$ 分别为河网连通度和水文连通度的最小值；$D_{\max}$ 和 $C_{h\max}$ 分别为河网连通度和水文连通度的最大值。

（6）将归一化后的河网连通度与水文连通度加权，得到流域的水系连通度 E：

$$E = w_1 D' + w_2 C'_h \tag{3.11}$$

式中：w_1、w_2 为相应权重，两者之和为1，由河道自然功能属性、区域防洪排涝重要性等来确定。

3.4.2 水系连通变化分析

根据前述水系连通度计算方法，参考相关文献资料[154,155]、秦淮河流域水文资料及水系特征确定河道相关参数，其中一级河道曼宁系数为0.0225，边坡系数为1:3，平均水深为3.5m；二级河道曼宁系数为0.0250，边坡系数为1:2，平均水深2.2m；三级河道曼宁系数为0.0275，边坡系数为1:1.5，平均水深1.8m。w_1、w_2 依据河道自然与功能属性、区域防洪排涝重要性等来确定，针对流域内河流等级差异较大、主干河道占比较大以及防洪排涝要求较高的地区，水系连通性主要受一级河道影响，并且一级河道的防洪排涝能力主要与其河道内的水流阻力相关，故该区域水系连通计算中 w_1 需取较大值；针对流域内河流等级差异较小、防洪排涝要求较低的地区，相较于水流阻力，水文过程对水系连通性的影响更大，故水系连通计算中 w_2 应取较大值。秦淮河流域河道规模差异较大，一级河道行洪排涝功能的重要性高，参考已有研究成果[156,157]，确定 w_1 取值为0.7，w_2 取值为0.3。将秦淮河流域按照城市化发展特点分为南京市主城区、江宁区、句容市和溧水区四片，计算得到不同时期的水系连通度，见表3.8。

表3.8　　　　　　　　　秦淮河流域不同时期水系连通度计算结果

地　区	1990年	2000年	2010年	2015年	1990—2000年变化率	2000—2010年变化率	2010—2015年变化率
南京市主城区	0.6253	0.5115	0.5585	0.5309	−18.21%	9.19%	−4.94%
江宁区	0.9921	0.7548	0.4076	0.3375	−23.92%	−46.00%	−17.18%
溧水区	0.6096	0.5396	0.4200	0.2491	−11.48%	−22.16%	−40.71%
句容市	0.6082	0.5643	0.4975	0.3279	−7.22%	−11.84%	−34.09%
秦淮河流域	0.8280	0.7755	0.4789	0.3539	−6.34%	−38.24%	−26.09%

秦淮河流域整体水系连通度呈下降趋势，水系连通度由1990年的0.8280下降至2015年的0.3539，降低57.26%，以2000年为界，后期较前期变化速率明显增加。对比不同行政区水系连通变化过程，南京主城区水系连通变化主要集中在1990—2000年之间，2000年之后水系连通度略有提升后又下降，整体变化幅度较小；江宁区水系连通变化最为显著，1990—2015年水系连通度降低65.98%，其中2000—2010年期间变化速率最快，2010年之后变化速度略微降低；溧水区和句容市水系连通变化进程较为近似，1990—2000年期间水系连通变化速率相对较小，2000年之后水系连通度迅速下降。

秦淮河流域不同行政区域的水系连通变化快慢存在明显差异（图3.7），1990—2000年期间秦淮河流域城市化建设以南京主城区和江宁区为主，导致水系连通发生巨大变化，其中江宁区和南京主城区水系连通变化最为显著，其次为溧水区和句容市；2000—2010

年城市化扩张主要集中于江宁区、溧水区和句容市，而南京城区城市化建设已接近饱和状态，增速大大减慢，水系连通变化主要体现在江宁区、溧水区和句容市3个地区，其中江宁区变化最为显著，变化率增长近2倍，其次为句容市、溧水区和南京主城区；2010—2015年期间江宁区城市化建设放缓，溧水区和句容市城市化建设持续加快，不透水面积增加，水系连通度持续下降，水系连通变化主要集中于溧水区和句容市，其次为江宁区和南京主城区，水系连通变化快慢与城市建设速度具有显著相关性。

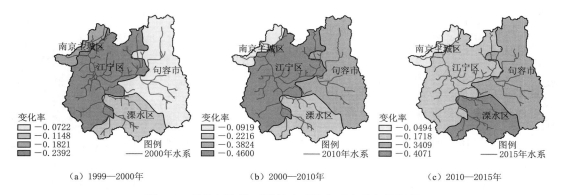

图 3.7　秦淮河流域不同行政区域水系连通变化情况

3.4.3　水系连通变化影响因素分析

城市化建设导致河网水系被填埋拥堵，水系数量和结构发生改变，水系连通度随之改变。为探索水系连通变化影响因素，进一步对比同一时期不同行政区域水系连通、水系数量指标和河长变化过程（图3.8），发现1990—2000年，不同地区水系连通变化快慢与河网复杂度变化一致，江宁区和溧水区水系连通变化与河网密度和水面率变化快慢相同，其水系连通变化主要受一级河道变化影响，句容市和南京市主城区水系连通变化主要受二级、三级河道变化影响；2000—2010年期间，除南京主城区外，其他地区水系连通变化与水面率、河网密度和河网复杂度变化快慢一致，此阶段水系连通变化受到所有等级河道变化的共同作用，南京主城区此阶段河网密度和复杂度变化较大，水面率变化较小，水系连通变化主要受二级、三级河道变化影响；2010—2015年期间，不同地区水系连通变化与河网密度、河网复杂度变化快慢一致，与水面率变化快慢相反，南京水系连通变化主要受一级河道影响，其他水系连通变化受到二级、三级河道变化的主要影响。

为进一步定量分析水系数量、结构与水系连通间的响应关系，运用 Pearson 相关系数 r 来刻画水系结构各指标与水系连通度之间的相关关系，计算公式如式（3.12）所示，取值范围为 $-1 \sim 1$，正数值表示两变量间正相关，负数值表示两变量间负相关，$|r|$ 越接近于1则相关性越强。

$$r = \frac{\sum\limits_{i=1}^{n}(X_i - \overline{X})(Y_i - \overline{Y})}{\sqrt{\sum\limits_{i=1}^{n}(X_i - \overline{X})^2}\sqrt{\sum\limits_{i=1}^{n}(Y_i - \overline{Y})^2}} \tag{3.12}$$

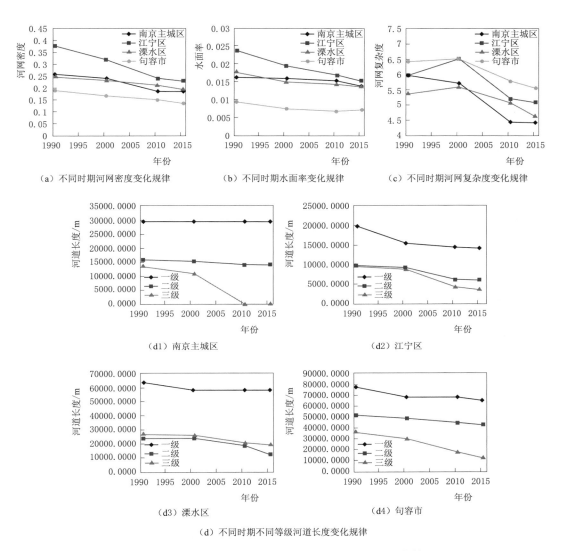

（a）不同时期河网密度变化规律 （b）不同时期水面率变化规律 （c）不同时期河网复杂度变化规律

（d1）南京主城区 （d2）江宁区

（d3）溧水区 （d4）句容市

（d）不同时期不同等级河道长度变化规律

图 3.8　秦淮河流域不同地区水系数量指标及河长变化情况

$$t = \frac{R\sqrt{n-q-2}}{\sqrt{1-R^2}} \tag{3.13}$$

式中：X_i，Y_i（$i=1,2,\cdots,n$）为随机变量；$\overline{X}$，$\overline{Y}$为随机变量的算数平均值；t为检验统计量；R为相关系数；n为样本数量；q为阶数。

根据 Pearson 相关分析计算方法，计算结果见表 3.9。水面率、河网密度和河网复杂度均与水系连通度呈正相关关系，水面率、河网密度、河网复杂度与水系连通度之间的相关系数分别为 0.487、0.703 和 0.605，t检验的显著性概率分别为 0.029＜0.05、0.001＜0.01 和 0.005＜0.01，即河网密度和河网复杂度与水系连通度在 0.01 水平上显著相关，水面率与水系连通度在 0.05 水平上显著相关。水系数量特征变化与水系连通变化具有显著相关性，是水系连通变化的主要影响因素之一。

表 3.9 水系数量、结构指标与连通度的 Pearson 相关分析

指　标	水 系 连 通 度		指　标	水 系 连 通 度	
	相关性	显著性		相关性	显著性
水面率	0.487	0.029	河网复杂度	0.605	0.005
河网密度	0.703	0.001	河网稳定性	0.339	0.216
成环率	0.018	0.939	连接率	0.081	0.735
结合率	−0.032	0.894	—	—	—

　　河网稳定性与水系连通度之间相关性较弱，且 t 检验均大于 0.05，相关性不显著，成环率、连接率和结合率与水系连通度之间无明显线性相关性，即水系结构特征变化对水系连通有一定的影响，但无显著的线性影响关系，水系连通度大小的变化主要由水系数量特征引起，在水系连通治理工作中，应着重加强水系保护，通过增加河网密度、水面率和河网复杂度的方式有效提高水系连通性。

3.5　小结

　　本章根据秦淮河地区的 TM 遥感影像和中巴遥感影像数据为数据源，通过混合像元线性分解技术和监督分类获取不透水面及土地利用分布信息，分析城市化背景下的秦淮河流域下垫面变化情况；并运用 ArcGIS 水文分析方法对秦淮河流域不同时期的水系进行提取分析，获得水系数量、结构及连通变化情况，主要研究成果如下：

　　（1）秦淮流域 1988 年的不透水面积仅占全流域面积的 1.7%，到 2001 年时占 7.5%，而到 2006 年已达 13.2%，较 1988 年流域不透水率增长了 11.5 个百分点。

　　（2）伴随着城市化进程的加快与深入进行，土地利用变化有以下特征：前期的土地利用转化主要有两类，即由水田、林地向旱地转化，以及少量旱地、水田向建设用地转化；而到了后期，主要是水田、林地、旱地等土地利用类型直接转化为建设用地。

　　（3）流域城镇用地面积的增加反应流域的城市化进程。秦淮河流域包括南京市部分、句容市等，伴随城市化水平的逐渐提高，城镇用地以各自的城镇区为中心不断向郊区和农村扩张，呈卫星状分布。

　　（4）在秦淮河流域不同时期水系矢量图的基础上，从河网密度、水面率和河网复杂度三个方面探讨了水系数量变化特征，分析结果表明河网水系数量呈不断下降趋势，其中二级、三级河道减少明显，河网呈现主干化趋势；从成环率、连接率、结合率和河网稳定度四个方面探讨了水系结构变化特征，分析结果表明河网水系结构趋于简单化，河网呈树状结构。

　　（5）运用水流阻力、图论与站点间水位差的水系连通计算方法，从河网连通和水文连通两个方面对水系连通性进行计算，计算结果表明近年来水系连通度呈不断降低趋势，其产生的主要原因是城市人口的快速增长和不透水面积的迅速增加。

　　（6）运用定量分析方法（Pearson 相关分析）对水系连通变化的主要影响因素进行了分析探讨，分析结果表明水系连通变化的主要影响因素是水系数量特征的变化，其中河网密度、水面率和河网复杂度与水系连通度变化之间具有显著相关性。

第4章

秦淮河流域河网调蓄能力变化

4.1 河网静态调蓄能力变化

河网静态调蓄能力是指河网在某个时间节点或在某个时间段内的平均调蓄能力，通常用河网的槽蓄容量和可调蓄容量两个部分来表示，前者反映河网的蓄水能力，后者反映河网对洪水的调节能力。

4.1.1 河网静态调蓄计算方法

河网调蓄能力是影响水文特征变化的重要因素之一，具有蓄积雨洪、提供行洪空间、削减洪峰和降低洪涝风险等重要作用。由于研究区河道纵横、水系发达、水面率大，河网的调蓄能力不容忽视。为定量计算河网静态调蓄能力，研究其变化特征，结合已有研究成果，选取以下指标进行分析。

（1）槽蓄容量（C）与可调蓄容量（MC）。

河网槽蓄容量是指在一定的水位条件下河网所能容纳水体的体积总量。槽蓄容量的计算主要有观测断面法和水沙平衡法，另外，也可以通过 ArcGIS 建立研究区河道的 DEM 模型，计算河道的槽蓄容量。

本书选取研究区常水位为计算水位，河网槽蓄容量则为在此水位下的河网总水量。由于秦淮河流域河流纵横，河道类型、断面多样，从计算方便的角度考虑，本书以梯形结构计算研究区河道的断面，并忽略河道沿程宽度的变化，将水面看成矩形，于是得到：

$$C = A \times L = (mh + b)h \times L \tag{4.1}$$

式中：A 为河道断面面积，；L 为河长；m 为边坡系数；b 为河道底宽；h 为水深，具体参数见表 4.1。

表 4.1　　　　　　　　　　河道参数取值（以 2010 年为例）

河道类型	边坡系数	常水位/m	河底高程/m	水深/m
一级河道	3	7.28	3.78	3.5
二级河道	2	7.28	5.08	2.2
三级河道	1.5	7.28	5.48	1.8

河网可调蓄容量指的是河网在常态条件下可继续容纳水体的体积总量。以研究区常水位和警戒水位为计算水位，MC 即为两水位间的总水量：

$$MC = C_j - C_0 \tag{4.2}$$

式中：C_0 为常水位时的河网水体体积总量；C_j 为警戒水位时的河网水体体积总量，秦淮河流域的警戒水位为 8.50m。

（2）单位面积槽蓄容量（CR）与单位面积可调蓄容量（MCR）。

CR 和 MCR 表示单位面积上的槽蓄容量和可调蓄容量，可以对不同区域以及同一区域内不同地方的河网调蓄能力进行比较。其计算公式为

$$CR = C/A \tag{4.3}$$

$$MCR = MC/A \tag{4.4}$$

式中：A 为流域的面积，km^2。

在以上 4 个指标中，河网单位面积可调蓄容量（MCR）不受地区的限制，且能够显示出河网对洪水的调节能力，是河网静态调蓄功能的核心指标。

4.1.2 河网静态调蓄能力变化分析

根据选取的 4 项指标，对秦淮河流域 1990 年、2000 年、2010 年和 2015 年的河网静态调蓄能力进行计算，计算结果见表 4.2。1990—2015 年，槽蓄容量、可调蓄容量、单位面积槽蓄容量和单位面积可调蓄容量 4 项指标均显著下降。CR 从 1990 年的 4.134 万 m^3/km^2 下降至 2015 年的 $29.23 \times 10^3 m^3/km^2$，MCR 从 1990 年的 $25.50 \times 10^3 m^3/km^2$ 下降至 2015 年的 $10.45 \times 10^3 m^3/km^2$。从年均角度分析，CR 在 1990—2000 年期间年均降低 $6.93 \times 10^3 m^3/km^2$，2000—2010 年间年均降低 $3.84 \times 10^3 m^3/km^2$，2010—2015 年期间年均降低 $1.78 \times 10^3 m^3/km^2$，同一时期 MCR 分别年均降低 $4.82 \times 10^3 m^3/km^2$、$7.08 \times 10^3 m^3/km^2$ 和 $3.14 \times 10^3 m^3/km^2$。CR 和 MCR 在不同时期年均变化量存在显著差异，CR 在第一阶段降幅远大于第二和第三阶段，而 MCR 在第二阶段的降幅远大于第一、第三阶段。

表 4.2　　　　　　　　　　　秦淮河流域不同时期河网静态调蓄能力

年　　份	$C/(10^6 m^3)$	$MC/(10^6 m^3)$	$CR/(10^3 m^3/km^2)$	$MCR/(10^3 m^3/km^2)$
1990	108.76	67.08	41.34	25.50
2000	90.53	54.40	34.41	20.68
2010	80.44	35.78	30.57	13.60
2015	76.91	27.51	29.23	10.45
1990—2000 年均变化量	−18.23	−12.68	−6.93	−4.82
2000—2010 年均变化量	−10.09	−18.62	−3.84	−7.08
2010—2015 年均变化量	−3.53	−8.27	−1.34	−3.14

为进一步探索 CR 和 MCR 在不同时期的降幅差异原因，分别计算不同等级河道在不同时期的 CR 和 MCR 变化情况（图 4.1）。一级河道 CR 的最大下降速率集中在 1990—2000 年期间，二级、三级河道 CR 的最大下降速率集中在 2000—2010 年期间，一级河道 CR 的下降趋势与秦淮河流域整体河网 CR 下降趋势相同，表明 CR 主要受一级河道的影响作用。一级河道 MCR 的变化率在不同阶段基本保持均衡状态，二级、三级河道在

2000—2010 年均下降速度较快，并且二级、三级河道的下降趋势与秦淮河流域整体河网 MCR 下降趋势相同，表明 MCR 主要受二级、三级河道影响作用。

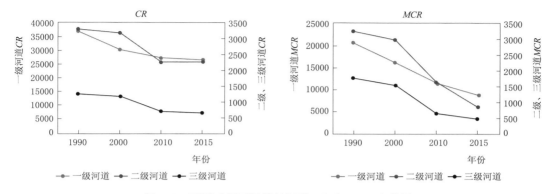

图 4.1 不同时期不同等级河道 CR 和 MCR 变化图

此外，在单位面积槽蓄容量 CR 方面，一级河道从 1990 年的 $36.78 \times 10^3 \, \mathrm{m^3/km^2}$ 到 2015 年的 $26.61 \times 10^3 \, \mathrm{m^3/km^2}$，减少了 27.65%；二级河道从 $3.27 \times 10^3 \, \mathrm{m^3/km^2}$ 减小到 $2.62 \times 10^3 \, \mathrm{m^3/km^2}$，减小了 30.90%；三级河道从 $1.28 \times 10^3 \, \mathrm{m^3/km^2}$ 减少到 $0.66 \times 10^3 \, \mathrm{m^3/km^2}$，减少了 48.36%。在单位面积可调蓄容量 MCR 方面，一级河道从 1990 年的 $20.50 \times 10^3 \, \mathrm{m^3/km^2}$ 到 2015 年的 $8.83 \times 10^3 \, \mathrm{m^3/km^2}$，减少了 56.92%；二级河道从 $3.24 \times 10^3 \, \mathrm{m^3/km^2}$ 减小到 $0.83 \times 10^3 \, \mathrm{m^3/km^2}$，减小了 74.40%；三级河道从 $1.75 \times 10^3 \, \mathrm{m^3/km^2}$ 减少到了 $0.49 \times 10^3 \, \mathrm{m^3/km^2}$，减少了 72.01%。二级、三级河道无论是 CR 还是 MCR 下降幅度均大于一级河道，说明水系变化对二级、三级河道的静态调蓄能力的影响要大于一级河道。

4.2 秦淮河流域河网动态调蓄能力变化

不同于河网静态调蓄能力，河网动态调蓄能力是指河网在一场典型洪水过程中对洪水的调蓄作用，反映在一场洪水过程中河网调蓄减灾能力的动态变化。

4.2.1 河网动态调蓄能力计算方法

河网动态调蓄能力是指河网在一场典型洪水过程中对洪水的调蓄作用，因此不能选用表征河网静态调蓄能力的参数指标来分析，可通过比较洪峰水位和汛前水位的变化来反映河网在一场洪水中的动态调节作用。文中采用以下指标对河网动态调蓄能力进行分析：

（1）汛前槽蓄容量（C_q）。

河网汛前槽蓄容量（C_q）指的是地区汛前水位下的河道蓄水体积总量，即汛前水位下的河网槽蓄容量，计算公式如下：

$$C_q = A \times L = (mh + b)h \times L \tag{4.5}$$

式中：A 为汛前水位下河道断面面积；L 为河道长度；m 为边坡系数；b 为河道底宽；h 为水深，等于汛前水位减去河底高程，具体参数见表 4.1。

（2）汛前可调蓄容量（MC_q）。

河网汛前可调蓄容量（MC_q）是指河网在汛前水位下可继续容纳的水体总体积。文中以汛前水位和警戒水位为计算水位，MC_q 即为两水位间的总水量，反映河网在一场洪水开始前的防洪能力，其计算公式如下：

$$MC_q = C_j - C_q \tag{4.6}$$

式中：C_j 为警戒水位对应的河网槽蓄容量；C_q 为河网汛前槽蓄容量，秦淮河流域警戒水位为 8.5m。

（3）洪峰调蓄容量（MC_f）。

河网洪峰调蓄容量（MC_f）是指河网从洪峰水位上升到最高洪水位所增加水体的体积总量，文中取洪峰水位与历史最高洪水之间的河网容积。河网洪峰调蓄容量反映了河网在一场洪水结束后，迎接下一场洪水的调节能力，是表征河网动态调蓄功能的核心指标，其计算公式如下：

$$MC_f = C_t - C_f \tag{4.7}$$

式中：C_f 为洪峰水位对应的河网槽蓄容量；C_t 为历史最高水位对应的河网槽蓄容量。

4.2.2 水文水动力模型构建

分析不同水系条件下一场典型洪水的动态调蓄能力变化过程，需获取在不同水系条件下典型洪水的汛前水位和洪峰水位。本书通过 MIKE11 中的水动力学模型（HD）和降雨径流模型（RR）耦合，模拟获得不同水系条件下的洪水过程。

（1）MIKE11 RR。在降雨-径流模型（RR）中，采用 NAM 方法模拟流域尺度的降雨-径流过程，通过计算四个不同且相互关联的储水层（积雪储水层、地表储水层、根区储水层和地下水储水层）的含水量来模拟区域汇流过程。降雨径流模块所需的基础数据主要是水文及气象数据，包括降雨数据、蒸发量数据、实测流量数据等，用于模型率定和验证。NAM 模型中的参数代表流域的平均条件，需要通过率定使其符合流域的实际情况，其主要需要率定的参数见表 4.3。

表 4.3　　　　　　　　　　　NAM 模型主要率定参数

参数	描　述	影　响	取　值　范　围
U_{max}	地表储水层最大含水量	坡面流、入渗、蒸散发和壤中流	$10 \sim 25\text{mm}$
L_{max}	土壤层/根区最大含水量	坡面流、入渗、蒸散发和基流	$50 \sim 250\text{mm}$，$L_{max} \approx 0.1 * U_{max}$
C_{QOF}	坡面流系数	坡面流量和入渗量	$0 \sim 1$
C_{KIF}	壤中流排水常数	由地表储水层排泄出的壤中流	$500 \sim 1000\text{h}$
TOF	坡面流临界值	生成坡面流的最低土壤含水量	$0 \sim 1$
TIF	壤中流临界值	生成壤中流的最低土壤含水量	$0 \sim 1$
TG	地下水补给临界值	生成地下水最低土壤含水量	$0 \sim 1$
CK_{12}	坡面流和壤中流时间常量	沿流域坡度和河网来演算坡面流	$3 \sim 48\text{h}$
CK_{BF}	基流时间常量	演算地下水补给	$500 \sim 5000\text{h}$

本书中由于不考虑积雪和融雪过程，因此 NAM 构建只需要有降雨数据、蒸发数据和流量数据。降雨数据采用泰森多边形法将降雨站点进行空间分布，通过计算降雨站点的面积权重获得整个流域的降雨量，并作为模型的降雨时间序列文件输入 NAM。秦淮河流域各雨量站的泰森多边形如图 4.2 所示，流域内降雨站点面积权重见表 4.4。蒸发数据直接采用流域内蒸发站点数据。流量数据采用秦淮河流域两个出口流量之和。NAM 可进行自动校核，但通常需要 3～5 年的长系列水文和气象观测资料。因此，1990 年河网条件下的 NAM 模型采用 1988—1992 年

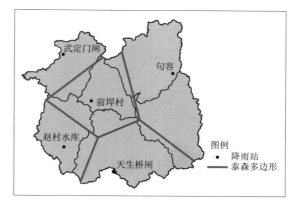

图 4.2　秦淮河流域降雨站点泰森多边形

的降雨量、流量和蒸发量数据进行自动率定，2000 年河网条件下的 NAM 采用 1998—2002 年的水文数据，2010 年河网条件下的 NAM 采用 2008—2012 年的水文数据，2015 年河网条件下的 NAM 采用 2013—2017 年的水文数据。参数率定结果见表 4.5，模拟与实测径流过程线如图 4.3 所示。决定系数（R^2）均大于 0.75，总径流深相对误差（WBL）均在 15% 以内，表明 NAM 基本可满足流域降雨-径流过程模拟。

表 4.4　　降雨站点面积权重

站点	武定门闸站	前埠村站	赵村水库站	天生桥闸站	句容站
面积权重	0.1094	0.2255	0.1286	0.2034	0.3331

表 4.5　　NAM 模型参数设置

参　数	U_{max}	L_{max}	C_{QOF}	C_{KIF}	$CK_{1,2}$	TOF	TIF	CK_{BF}	TG
1990 年水系	18.6	165	0.532	250.2	49	0.591	0.938	0.963	1019
2000 年水系	14.1	108	0.949	282.5	48.8	0.929	0.02	0.836	3669
2010 年水系	10.2	105	0.992	215.3	36	0.357	0.0465	0.01	2120
2015 年水系	10.2	101	0.796	207.7	49.8	0.0244	0.0498	0.00533	1009

（2）MIKE11 HD。水动力学模型（HD）可以分析河道非连续性水流运动的规律，其核心在于对圣维南（Saint-Venant）方程组即一维非恒定流方程组的求解，目前多采用隐式或半隐式数值格式求解，其方程组如下。

1）连续方程：

$$\frac{\partial A}{\partial t} + \frac{\partial Q}{\partial x} = q \tag{4.8}$$

2）动量方程：

$$\frac{\partial Q}{\partial x} + \frac{\partial}{\partial x}\left(\alpha\frac{Q^2}{A}\right) + g\frac{Q|Q|}{C^2 AR} + gA\frac{\partial h}{\partial x} = 0 \tag{4.9}$$

式中：Q 为流量；q 为旁侧入流量；t 为时间坐标；x 为沿水流方向的距离；C 为谢才系数；α 为动量修正系数；g 为重力加速度；A 为过水断面面积；R 水力半径；h 为水位。

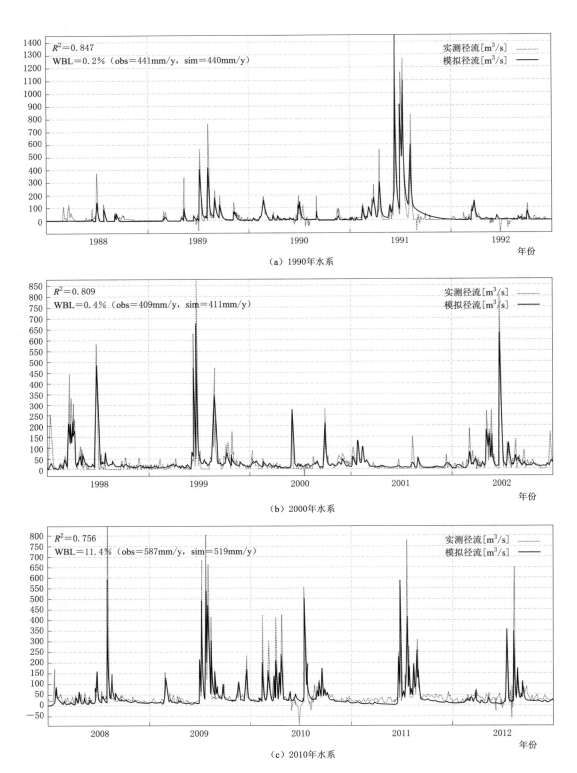

图 4.3（一） 秦淮河流域实测与模拟径流过程线

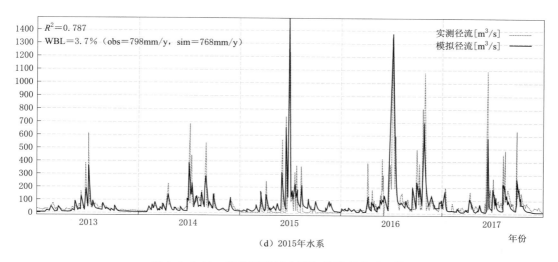

$R^2 = 0.787$
WBL$= 3.7\%$（obs$=798$mm/y, sim$=768$mm/y）

实测径流$[m^3/s]$ ········
模拟径流$[m^3/s]$ ——

（d）2015年水系

图 4.3（二）　秦淮河流域实测与模拟径流过程线

水动力学模型（HD）在构建过程中的所需数据包括河网文件、断面文件、边界文件、参数文件、时间序列文件和模拟文件，其结构如图 4.4 所示。

河网文件包括点、河段、断面三种要素，河道的端点、河道之间的交点为节点，两节点之间的河道为河段，每一河段要设置不等的断面来描述河段的形状及其变化，因此，河网文件是 HD 模型中最复杂的一个文件。秦淮河流域河网复杂，水系众多，若将全部三级河道都加以描述，参与模型的计算，工作量会很大。因此，为提高计算

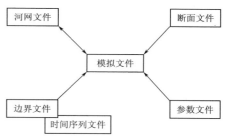

图 4.4　MIKE11 HD 模型结构

效率，需要对河网中的河道进行一定的概化。河网概化的基本原则是保留主干河道（一级河道）以及重要的支流河道，使河网的输水能力与调蓄能力在概化前后保持一致[76,158]。

以研究区 2015 年水系图为例，按上述原则，在 ArcGIS 中对实际河网进行概化，将概化好的 shp 文件导入到河网编辑器，经内部生成点和河道、调整视窗以及河道自动连接后，即产生 MIKE11 河网文件。由于经过 MIKE11 自动生成的河道上下游位置常常颠倒，因此需要对颠倒上下游的河道进行手工校正。概化处理好后的河网文件如图 4.5 所示。

断面文件包含三个重要参数：River name（断面所在河道名称）、Topo ID（断面 ID）和 Chainage（断面所在的河道位置里程），这三个参数能将一个断面唯一确定。每条河道都需要设置数量不等的断面，断面数量越多，河道描述越准确，同时所需数据和工作量也越大；断面数量越少，河道描述越粗糙，模拟结果的误差也会随之增大。因此，需要根据研究区的实际情况和已有资料合理地进行断面设置。断面设置要考虑两个问题：一是断面实测资料是否齐全，二是断面设置的位置、间距是否能准确反映河道的实际形状及其沿程的变化情况。根据已有资料和实地调查，秦淮河、秦淮新河和外秦淮河采用实测数据，其中秦淮河设置断面 13 个，秦淮新河设置断面 12 个，外秦淮河设置断面 9 个，其他河道由

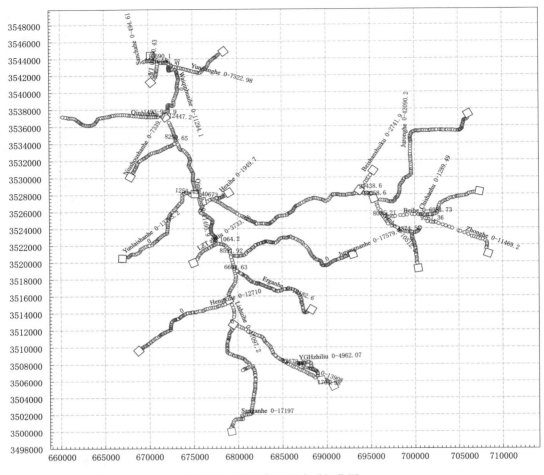

图 4.5 2015 年河网水系概化图

于没有实测数据，根据河道岸坡系数、河道比降、平均河宽和平均水深概化为梯形断面，原则上每条河道至少有两个断面，有支流汇入的河道在河道交汇处分别增加断面数据。

时间序列文件包括秦淮新河闸和武定门闸两个站点的实测流量数据和潮水位数据，以及东山站的实测水位数据。边界条件包括外部边界条件和内部边界条件，其中，外部边界条件是指河网中河道的自由端点（与其他河道不相连的端点）有物质流出或流入时，需要给定一定的条件，通常为流量或水位；内部边界条件是指河网中河道内部某点或某段河长有物质流入流出，如厂房排水、工厂取水等，可根据实际情况进行设定。外部边界条件必须严格设定，否则模型无法运行，内部边界条件可选择性设定，但会影响结果的精度。由于秦淮河流域上游为丘陵山区，没有流域外河流汇入，径流主要由降雨形成，故流域上游边界设置流量初始值为 0，同时将 NAM 模块中子流域的模拟径流量作为旁侧入流的形式耦合到相应的河段中，下边界设在武定门闸和秦淮新河闸两个出口处，为水位边界，采用潮水位时间序列文件。

参数文件中的多数参数无须设置，通常只需对初始条件和糙率进行设定。初始条件包括水位和流量，在实践中，一般初始水位选取不低于或高于河床的值，而初始流量则给定一个趋于 0 的值。模型的另一个主要参数是河道糙率 n，其值越小，水流流速越大。文中依据河道设计规范，同时参考研究区的相关资料，设定河道糙率的初始值为 0.03，并逐步进行率定。

模拟文件是对以上已经建好的 5 个文件的耦合，从而能使其在 MIKE11 中作为一个整体来运行。模拟文件中需要设置时间步长、模拟起止时间和启动的一些细节问题等。

（3）NAM 模块与 HD 模块的耦合。NAM 模块与 HD 模块的耦合在河网文件的 Rainfall‐Runoff link 中进行操作，在其中添加子流域的名称、面积以及接入河道的上下游位置，将 NAM 模块计算的径流量以旁侧入流的形式添加到 HD 模块中，同时，在 MIKE11 的模拟文件页面选择带 RR 模块的计算模式。

根据已建立的 1990 年、2000 年、2010 年和 2015 年的河网水力模型，通过 NAM 模拟得到的径流作以旁侧入流的方式添加到 HD 模块中，河道糙率在 0.02～0.03 的范围内进行率定，选取相关系数 R、Nash 效率系数 ENS 和峰值相对误差 PE 对模型模拟的结果进行综合评价。相关系数 R 可以用来衡量模型模拟结果与实测数据的相关程度，判断其变化趋势是否相同，相关系数大于 0.8 时说明模拟效果好；Nash 系数可以反映模型的效率高低，Nash 系数大于 0.8 时说明模拟效果较好；峰值误差 PE 在 20% 以内认为模拟结果较好，其表达式如下：

$$R = \frac{\sum_{i=1}^{n}(Q_{obs}^{i} - \overline{Q_{obs}})(Q_{sim}^{i} - \overline{Q_{sim}})}{\sqrt{\sum_{i=1}^{n}(Q_{obs}^{i} - \overline{Q_{obs}})^2 \sum_{i=1}^{n}(Q_{sim}^{i} - \overline{Q_{sim}})^2}} \quad (4.10)$$

$$NSE = 1 - \frac{\sum_{i=1}^{n}(Q_{obs}^{i} - Q_{sim}^{i})^2}{\sum_{i=1}^{n}(Q_{obs}^{i} - \overline{Q_{obs}})^2} \quad (4.11)$$

$$PE = (Q_{sp} - Q_{op})/Q_{op} \quad (4.12)$$

式中：n 为观测的次数；Q_{obs}^{i} 和 Q_{sim}^{i} 分别为时刻 i 的实测值和模拟值；$\overline{Q_{obs}}$ 为实测平均值，$\overline{Q_{sim}}$ 为模拟平均值；Q_{op} 和 Q_{sp} 分别为实测峰值和模拟峰值。

模拟结果如图 4.6 所示，评价指标结果见表 4.6，模拟结果与实测结果吻合较好，东山站模拟水位于实测水位相关系数 R 和纳什效率系数 NSE 均接近于 1，峰值相对误差 PE 均小于 3%，表明该模型可适用于秦淮河流域。

表 4.6　　　　　　　　　　　　　　东山站评价指标结果

河网水系	R	NSE	$PE/\%$
1990 年水系	0.99	0.99	0.2
2000 年水系	0.97	0.96	0.2
2010 年水系	0.99	0.99	2.8
2015 年水系	0.98	0.97	1.4

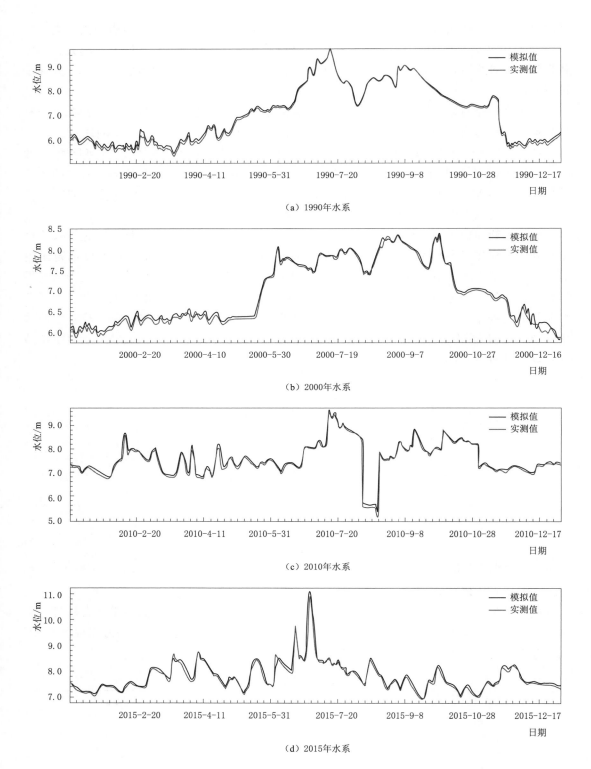

图 4.6　东山站模拟水位与实测值对比图

4.2.3　河网动态调蓄能力变化分析

为分析不同水系条件下河网动态调蓄能力的变化过程，选取大、中、小三类洪水分别进行模拟计算，探究不同水系条件下不同量级洪水的演进过程。根据秦淮河流域 1986—2017 年的洪水过程记录，选取 No.20150625 场洪水为大洪水，No.20120801 场洪水为中洪水，No.20141123 场洪水为小洪水。不同河网水系条件下的不同规模洪水的东山站模拟水位如图 4.7 所示。1990—2015 年河网水系变化条件下，大、中、小洪水洪峰水位分别由

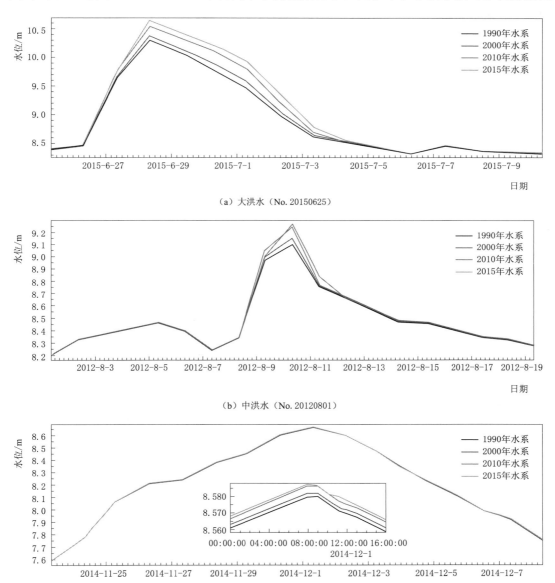

（a）大洪水（No.20150625）

（b）中洪水（No.20120801）

（c）小洪水（No.20141123）

图 4.7　不同河网水系条件下不同规模洪水水位变化

10.303m、9.107m 和 8.580m 升高至 10.637m、9.269m 和 8.587m。随着河网水系的改变，不同规模等级的洪水洪峰水位均相应升高，表明水系变化对区域防洪有一定的影响，随着水系连通性的降低，区域防洪压力逐渐增大，且随着洪水等级的降低，河网连通性对洪峰水位的影响逐渐减小。

根据不同水系条件下的汛前水位和洪峰水位的变化情况，分别计算不同规模等级洪水条件下的动态调蓄能力指标 MC_q 和 MC_f 的变化情况，如图 4.8 所示。随着河网水系改变，不同规模洪水条件下的汛前水位和洪峰水位随之升高，MC_q 和 MC_f 随之降低，河网动态蓄水能力不断下降，河网水系与动态蓄水能力之间存在显著相关关系。此外，1990—2015 年，大、中、小洪水条件下的 MC_q 分别下降了 37.95%、31.85% 和 33.66%，MC_f 分别下降了 69.89%、39.74% 和 34.21%，不同规模洪水条件下，MC_q 和 MC_f 变化速率存在明显差异。对于 MC_q，不同规模等级洪水下降幅度近似，均在 30%～40% 之间，而 MC_f 的变化幅度随着洪水规模的降低而减小，大洪水条件下，MC_f 的下降幅度接近于 70%，中小型洪水 MC_f 的下降幅度在 30%～40% 之间，说明 MC_q 的变化受洪水规模的影响较小，而 MC_f 的变化与洪峰水位相似，随着洪水规模的增大，水系变化对 MC_f 的影响越来越大。

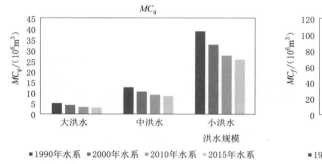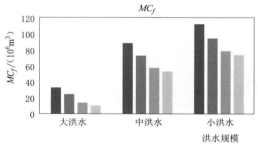

图 4.8　不同水系条件下不同规模洪水动态调蓄能力的变化情况

4.3　水系连通变化对水系调蓄能力的影响

静态调蓄能力 CR 和 MCR 在不同时期的下降速度存在明显差异，CR 在 2000 年之前下降速度更快，而 MCR 在 2000 年之后下降速度更快（表 4.2），其中 CR 迅速下降阶段集中在 1990—2000 年，MCR 迅速下降阶段集中在 2000—2010 年期间。为分析河网静态调蓄能力变化的原因，将静态调蓄能力变化过程与水系连通变化趋势（表 3.8）进行比较分析，发现 MCR 的变化趋势与水系连通的变化趋势相同，均在 2000 年以后迅速下降，说明 MCR 与水系连通性之间存在显著的相关性，且随着水系连通性的降低，河网静态调蓄能力中的 MCR 随之下降，且下降幅度受二级、三级河道影响较大（图 4.1）。随着水系连通性降低，CR 也随之降低，但由于 CR 的变化速率受一级河道影响较大（图 4.1），水系连通变化受二级、三级河道影响较大，故变化趋势略有差异，但总体呈现下降趋势。由此可见，水系连通的变化对静态调蓄能力具有一定的影响作用，河网静态调蓄能力随着水系

48

连通性的降低而降低，且导致水系连通变化的主要影响因素直接影响 CR 和 MCR 的变化速率，若水系连接性的降低主要由一级河道减少导致，则 CR 下降的速度将大于 MCR，反之，若水系连通性的降低主要由二级、三级河道减少导致，则 MCR 的下降速度将大于 CR。

在不同河网连通条件下，不同规模等级洪水的洪峰水位变化趋势与水系连通的变化趋势相同，2000 年以后，水系连通变化率和洪峰水位显著增加（表3.8、图4.7），水系连通的变化对洪峰水位具有一定的影响作用。在大规模洪水条件下，河网动态调蓄能力 MC_q 和 MC_f 在 2000—2010 年间迅速下降（表4.7），与水系连通变化趋势相同，表明水系连通性与河网动态调蓄能力之间存在相关关系。随着洪水规模的降低，洪峰水位的增长幅度减小，动态调蓄能力在不同时期的变化速率呈现明显差异，MC_q 和 MC_f 在第一阶段的变化速度逐渐大于第二阶段，水系连通性对河网动态调蓄能力的影响逐渐减小，表明水系连通性对河网动态调蓄能力的影响主要通过改变洪峰水位来实现，随着洪水规模的降低，水系连通性对洪峰水位的影响作用降低，对河网动态调蓄能力的影响也相应减小，在小规模洪水条件下，河网动态调蓄能力主要受水系本身的影响作用，而水系连通性的影响并不显著。因此，随着水系连通性的降低，河网动态调蓄能力逐渐减小，但水系连通性对河网动态调蓄能力的影响程度主要受洪水规模的控制，洪水规模越大，水系连通性对河网动态调蓄能力的影响作用越大。

表 4.7　　　　　　　　　　　　不同时期河网动态调蓄能力变化情况

指　　标	MC_q			MC_f		
	大洪水	中洪水	小洪水	大洪水	中洪水	小洪水
1990—2000 年变化率/%	−17.39	−15.08	−16.07	−25.16	−17.71	−15.79
2000—2010 年变化率/%	−21.51	−14.43	−15.34	−44.05	−20.78	−16.44
2010—2015 年变化率/%	−4.31	−6.22	−6.64	−28.08	−7.57	−6.51

4.4　水系连通性改善措施

伴随着城镇化进程的加快，秦淮河流域下垫面变化剧烈，使得水系连通性降低，水系调蓄能力不断下降，给该区域的防洪排涝带来了很大压力。基于水系调蓄能力分析及水系连通变化对调蓄能力的影响研究，为改善秦淮河流域的水系连通性，本书提出以下措施。

（1）保持现状水系，加强河道综合整治。在城镇化进程中，要保持合适的水面率，对现状水系尤其是低等级河道要加强保护，落实河长制，实行一河一策，逐步建成河道长效管护机制。同时，要定期对河道进行清淤疏浚、拓宽以及岸坡整治等工程，这样不仅能减小河道的水流阻力，增加其连通性，而且能增大河道的槽蓄容量，从而提高河网的调蓄能力，缓解城市防洪压力。

（2）打破流域分割，加快河道连通建设。打破小流域分割，加快河道连通建设，推进水利的网络化，是改善流域水系连通性和水环境的必由之路。在现状水系的基础上，可以通过制定合理的水系规划和连通工程，加强主干河道之间、主干河道与支流之间、河道与河漫滩之间的连通性，以便充分利用河网的天然调蓄能力，降低洪涝风险。同时，要优化水系连通布局，因地制宜，分析不同类型河道存在的问题，从而采取与之相应的连通方式。

（3）尊重河流演变规律，保持河道自然特性。天然河道经过自然过程的长期作用，通常都具有改善水质、维持水量平衡、蓄水防洪等重要作用。即便是河漫滩和自然河岸，由于其透水性较强，也能够调节水量和维持生物多样性。然而，在城镇化过程中，随着人为影响的加剧，河道人工渠化率的增加，许多天然河道不复存在。因此，在改善水系连通性的过程中，要尊重河流的演变规律，保留一定的天然河道，保持河道断面的多样性以及河流走向的弯曲性，充分发挥天然河道调蓄水量、调节水质、保持生物群落多样性等重要价值。

4.5 小结

本章分别从静态和动态两个方面构建了河网调蓄能力评价指标计算方法，并结合 MIKE11 水文水动力模型，通过对秦淮河流域不同洪水规模下不同水系的水位过程模拟，计算河网静态和动态调蓄能力，分析水系连通性变化对河网调蓄能力的影响，并提出水系连通性的改善措施。具体研究成果如下。

（1）选取河网槽蓄容量等 4 个指标来表征河网静态调蓄能力，并对研究区不同年代、不同等级河道的河网静态调蓄能力进行计算，发现秦淮河流域近年来河网静态调蓄能力呈现不断下降的趋势。

（2）选取河网汛前槽蓄容量、汛前可调蓄容量和洪峰调蓄容量 3 个指标来表征河网动态调蓄能力，运用 MIKE11 模型模拟研究区不同水系、不同洪水规模下的水位过程，计算河网动态调蓄能力，发现河网动态调蓄能力变化趋势与静态调蓄能力变化趋势相同，均呈下降趋势。

（3）水系连通性与河网调蓄能力之间存在一定的相关关系。随着水系连通性的降低，水系静态调蓄能力和动态调蓄能力均随之降低。其中水系连通性对静态调蓄能力的影响作用大小受其本身变化原因影响，CR 主要受一级河道影响作用，MCR 主要受二级、三级河道影响作用；水系连通性对动态调蓄能力的影响作用大小受洪水规模的影响，洪水规模等级越大，水系连通性对动态调蓄能力的影响作用越大。

第5章

基于 LUCC 的秦淮河流域暴雨洪水响应

5.1 土地利用变化模拟及预测

5.1.1 土地利用变化模拟模型

（1）CA – Markov 模型。

1）CA 模型。元胞自动机（cellular automata，CA），是一个时间和空间均不连续的动力模型。它的最基本组成部分为：元胞、元胞空间、邻居及规则[159]。简单来说，元胞空间以及描述在该空间上的变化方程或函数构成了 CA。

作为动力学系统，CA 模型拥有时间和空间分析的功能，不仅各个变量具有有限多个状态，而且状态变化的规则在时间和空间上都表现出局部的特征[160]。CA 可用如下公式表示：

$$S_{(t+1)} = f(S_t, N) \tag{5.1}$$

式中：S 为元胞有限、不连续的状态集合；N 为元胞的邻域；t、$t+1$ 表示不同的时刻；f 为局部空间元胞状态的变化规则。

2）Markov 模型。马尔可夫（Markov）法源于纪念俄国的数学家 A. A. Markov，以事物状态的初始概率以及之间的转化概率定义其变化方向，进而预先推测事物的未来情况[161]。它是一种特别的随机过程，具有某时刻状态与前一时刻状态没有关系的特征，即"无后效性"。而在一定条件下，土地利用变化有以下特征：①在给定范围内，各种土地类型之间可以相互转变；②各种土地类型转变过程中存在许多过程，而且这些过程不容易用函数关系定义。从其特征可以看出，Markov 过程与土地变化较为相似，适用于土地变化过程的动态模拟。

在 LUCC 研究中，可以把各种土地类型认为是马尔可夫过程中的状态，而其之间转化的面积或比例可以用转移概率来表示，因此可以根据式（5.2）预估土地利用变化趋势[162]。

$$S_{(t+1)} = P_{ij} \times S_{(t)} \tag{5.2}$$

式中：$S_{(t)}$、$S_{(t+1)}$ 分别为 t、$t+1$ 时刻的系统状态；P_{ij} 为状态转移概率矩阵，其公式如下

$$P_{ij} = \begin{bmatrix} P_{11} & P_{12} & \cdots & P_{1n} \\ P_{21} & P_{22} & \cdots & P_{2n} \\ \cdots & \cdots & \cdots & \cdots \\ P_{n1} & P_{n2} & \cdots & P_{nn} \end{bmatrix} \left(0 \ll P_{ij} \ll 1 \text{ 且} \sum_{j=1}^{n} P_{ij} = 1 (i, j = 1, 2, \cdots, n) \right) \tag{5.3}$$

3）CA – Markov 模型。在传统的基于马尔可夫过程的土地利用变化模拟中，转化概率矩阵是预测未来的根本。由于对各种土地类型的空间分布情况是忽视的，因此分析方法

具有明显的缺陷和不足，应当考虑土地类型的空间分布。与 CA 模型的结合，为马尔可夫过程分析增加了空间因素，能够更好地预测土地类型在时间和空间上的变化[159]。因此，本书采用 CA - Markov 模型进行流域未来不同情景的土地利用变化和预测。

CA - Markov 模型将元胞自动机与马尔可夫过程结合起来，采用转换概率与面积来预估未来土地利用情况。目前，CA - markov 模型应用主要通过 IDRISI 实现，它是由美国克拉克大学研究开发的一个将地理信息系统和图像处理功能完美结合的软件。在土地管理、空间分析、地理信息处理等方面，IDRISI 得到了广泛的应用。

（2）适宜性图集构建。适宜性图集构建是在 IDRISI 中完成的，它一般由多个栅格数据组成。根据研究需要，适宜性图集可以包含若干个图层，其中每个图层在构建和组成集合过程中都是互不影响的。对于土地利用变化模拟，制作相应适宜性图是适宜性图集创建的前提，它用于反映模拟过程中地类转化的空间适宜性。以林地适宜性图为例，它反映在给定的模拟期内研究区域内其他土地类型向林地转化的难易程度。

多标准评价法，即 MCE 法，根据适宜性定义方法的不同，可以将评价标准分为两类：约束条件和因子。约束条件在使用时采用二值法，把该地类适宜发展的区域赋值为 1，而不适宜该地类发展的区域赋值为 0。因子则在判断该地类在某区域的适宜发展程度时使用 0（最不适宜）到 255（最适宜）的连续值。对于不同标准的处理，MCE 提供了布尔方法、加权线性方法以及规则加权平均方法。本书采用布尔和加权线性方法构建适宜性图集。

1）布尔方法。布尔法在多标准评价问题里应用最为基础，它在把所有的影响因素标准化为布尔值的基础上，进一步借助于布尔相交方法，得到适宜或者不适宜两种划分结果的区域图像。该方法由于武断地将区域划分为适宜或者不适宜，与实际情况显然存在差异，代表性差，单独使用的情况应用较少。

2）WLC 方法。相对于布尔方法，WLC 方法更能体现适宜性的空间分布差异，它采用适当的方程把因子标准化为 0（最不适宜）到 255（最适宜）的连续性值，这样每一点适宜性都会表现出来，并与其所处位置的实际情况有关。基于标准化处理的因子及其权重确定结果，得到相应土地类型的初步适宜性评价图像，并根据是否有约束条件，确定是否需要进行布尔相交处理，以获取适宜性评价结果图像。WLC 方法由于充分考虑了地类在空间分布上的适宜性程度，计算结果包含更多的信息，能够显著提高不同区域适宜性的表达效果。

5.1.2 秦淮河流域土地利用变化模拟预测

本节阐述土地利用变化模型模拟步骤和方法，以适宜性图集创建为基础，建立 CA - Markov 模型，以 2010 年为例对其模拟效果进行检验；设置自然发展、可持续发展以及快速城市化发展三种土地利用模式（共包含四种情景），并对其相应模式下秦淮河流域 2028 年土地利用变化进行预测。

（1）模拟步骤和方法。

1）数据格式转换。土地利用模拟由于在 IDRISI 中进行，需要根据要求转化数据格式。在 GIS 中，首先把相应的土地栅格数据以及适宜性图以 ASCII 格式转出，然后利用 IDRISI 数据导入工具，将其转换为 idrisi 数据格式，即 .rst 格式。在 IDRISI 中利用 reclass 工具把数据中的空值（即研究区外空白区域）重分类为 0 值，处理结果便可以用于土地利用模型模拟。

2）元胞组成。

a. 元胞和元胞空间。元胞及其空间的定义是 CA－Markov 模型模拟的基础。在土地利用模拟中，土地利用栅格就是元胞，而土地利用类型则对应元胞的状态。在秦淮河流域土地利用预测中，把流域内土地利用类型分为城镇用地、旱地、水田、林地、水体 5 类，即是元胞的 5 种状态。基于研究栅格尺度，元胞大小设置为 30m×30m。

b. 转换规则确定。转换规则确定是 CA－Markov 模型模拟工作的重点。转换规则确定的是否合理直接影响土地利用变化模拟的精度。基于 IDRISI 的土地利用模拟由转移矩阵（包括转移概率矩阵和转移面积矩阵）和适宜性图两部分组成，它们分别对局部空间元胞以及全局空间元胞定义其转化规则。

c. 邻居定义。邻居定义是 CA－Markov 模型确定元胞受周围元胞状态影响的范围，主要通过滤波器完成。元胞受到滤波器决定的权重因子的影响，而发生状态变化。本研究中采用滤波器的矩阵为 5 阶方阵，如图 5.1 所示。

0	0	1	0	0
0	1	1	1	0
1	1	1	1	1
0	1	1	1	0
0	0	1	0	0

图 5.1　模型所用滤波器

3）Markov 转移矩阵生成。Markov 转移矩阵包括转移面积矩阵和转移概率矩阵，顾名思义两者分别决定着土地利用转换的面积和概率。它们根据前两个时期的土地利用数据生成，并用于下一时期土地利用的预测。IDRISI 集成了 Markov 模块与 CA－Markov 模块，为这一过程的快速处理提供了极大的方便。在本研究模拟前，确定分类方法为最大似然分类法，设置分配比例误差为 0.15。

4）土地转变适宜性图集创建。考虑到秦淮河流域的具体情况，本研究使用布尔方法制作约束性因子图像，使用 WLC 方法制作评价因子图像。

a. 城镇用地适宜性图集制作。影响城镇用地的因素包括经济因素、社会因素以及自然因素等。本研究参考相关规划，并考虑资料的可获取性，选择以下因素作为秦淮河流域城镇用地适宜性评价的影响因子：距水体距离、与南京市中心距离、距区县距离、高程、坡度、人均 GDP 等。

a）高程。高程对城镇用地建设有一定的影响，在流域海拔较高的地方建设城镇用地的难度较大，不适宜开发。根据秦淮河流域的地形特点，以流域平均高程 36.00m 为基准，城镇用地转化的适宜性最高，低于或高于 36.00m 的地区转化的适宜性降低。高程在 200.00m 以上为山区，转换适宜性设置为 0。

b）坡度。坡度是地形地貌描绘中的常用指标，反映了地面倾斜的程度。在坡度较大的地方，建筑物保持稳定的性质降低，同时建设的难度也较大。坡度限制在 0°～25°，地面坡度为 0°的地区城镇用地转化适宜性为 255。坡度升高，适宜性逐渐降低，坡度在 25°以上的地区，适宜性为 0。

c）距水体距离。考虑生态安全保护需要，水体不宜转化为城镇用地，在水体周边一定区域内转换为城镇用地的可能性也较小。考虑环境生态安全，距离水体 100m 内不适宜城镇用地转换，100m 以外的区域适宜性相同。

d）距南京市中心距离。秦淮河流域下游为南京市区，各种资源如人口、功能、经济等较为集中，显然离南京市中心距离越近对土地利用变化的影响越大，越易转化为城镇用地。基于离南京市中心越近，城镇用地转化的可能性越大，在南京市区中心 1km 范围内适宜性最高，1km 范围外适宜性逐渐降低。

e）距区县距离。与地区县级城镇距离也是影响城镇用地的较大因素，因此需要考虑流域内各处距离附近区县的距离。距区县距离因子对城镇用地转化适宜性的影响与距城市距离因子相同，在距离区县中心 1km 范围适宜性最高，随距离增大，适宜性逐渐降低。

f）人均 GDP。人均 GDP 是判断地区经济发展水平的一项重要指标，它的大小也反映一个地区城市化水平的高低。在人均 GDP 较高的地区，城镇化明显，土地利用相对于人均 GDP 低的地区更易转化为城镇用地。地区人均 GDP 对城镇用地转化有一定影响，按人均 GDP 高低设置转化适宜性，人均 GDP 较大的地区具有较大的转化适宜性。

城镇用地适宜性图集制作考虑上述影响因素，城镇用地变化各影响因素适宜性评价图如图 5.2 所示。

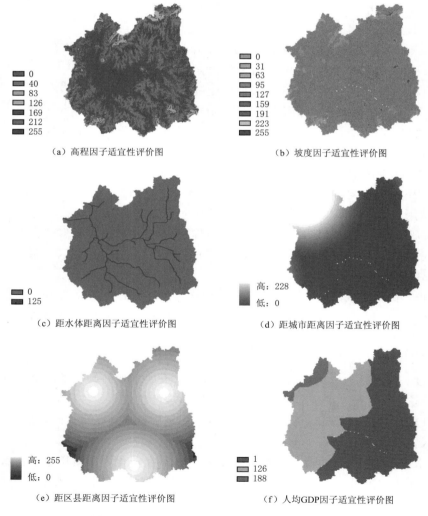

图 5.2　城镇用地变化各影响因素适宜性评价图

将上述影响因子进行综合分析，确定其 WLC 分析权重，得到研究区城镇用地转化适宜性图，如图 5.3 所示。

b. 耕地（水田、旱地）适宜性图集制作。根据耕地特征，选择其影响因素包括高程、坡度、距区县距离、距城市中心距离、距水体距离、人均 GDP 等。

c. 林地适宜性图集制作。林地分布主要受坡度影响，本书只选择坡度作为林地适宜性影响因素。

d. 水体适宜性图集制作。受生态保护政策的影响，水体变化的可能性较小，本书选择距水体距离作为影响因素，认为在水体一定范围内具有发生水体变化的可能。

高：211
低：25

图 5.3　城镇用地转化适宜性图集

与城镇用地适宜性图制作方法相同，其他用地转化适宜性图如图 5.4 所示。

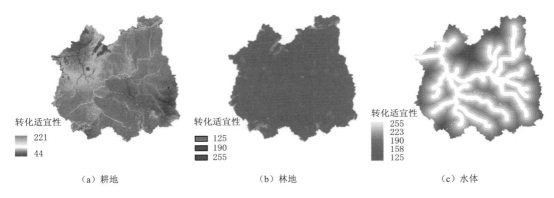

转化适宜性
221
44

转化适宜性
125
190
255

转化适宜性
255
223
190
158
125

（a）耕地　　　　　　　　　　（b）林地　　　　　　　　　　（c）水体

图 5.4　耕地、林地、水体转化适宜性图集

以上述各种土地利用转化适宜性图为基础进行合并操作，得到转化适宜性图集，并将其导入 CA - Markov 模型中，进行土地利用变化预测。

5）循环次数设置。循环次数的设置根据模拟基础年和预测年设置，需要综合考虑相应年份研究数据的可获取性以及需要预测的年份。本研究中，以 1992 年、2001 年土地利用为基础预测 2010 年土地利用，因此设置循环次数为 9。

（2）模型有效性检验。

1）模型有效性检验方法。土地利用模拟需要经过精度检验来确定其在该流域的适用性，方可用于实际中未来土地利用的预测。Kappa 系数是遥感数据分类效果评价的常用参数，它通过计算模拟年份和实际年份的土地利用栅格的相似性比例来判断模拟效果。Kappa 系数计算公式如下。

$$\text{Kappa} = \frac{P_0 - P_c}{1 - P_c} \tag{5.4}$$

式中：P_0 指根据模拟栅格与实际栅格比对的一致性比例；P_c 指根据模拟栅格与实际栅格

比对的机会一致性比例。

Kappa 系数的取值范围为 [0,1)，根据其值大小可以辨别土地利用模拟的精度。Kappa<0.4，表明模拟精度较低；0.4≤Kappa<0.75，表明模拟精度一般，基本满足模拟要求；0.75≤Kappa<1，表明模拟精度较高。

2）2010 年土地利用变化模拟和检验。在 Markov 模块中，利用 1992 年和 2001 年土地分类结果计算 1992 年和 2001 年 Markov 土地利用转移矩阵，具体数据见表 5.1。然后在 CA-Markov 模块导入基础年 2001 年的土地利用数据，以及 1992 年和 2001 年转移矩阵和创建好的 2001 年适宜性图集，进行 2010 土地利用模拟，得到 2010 年土地利用模拟分布情况。

表 5.1   1992 年和 2001 年 Markov 土地利用转移矩阵

2001 年 1992 年	城镇用地	旱地	水田	林地	水体	总计
城镇用地	107680	108354	45986	6051	7184	275255
旱地	33314	312023	209987	139113	2057	696494
水田	154816	374628	808711	49229	15932	1403316
林地	7938	71517	141573	107890	947	329865
水体	24173	3094	2246	1066	33046	63625
合计	327921	869616	1208503	303349	59166	2768555

注   表中数据为元胞个数，Markov 模型设置分配比例误差 0.15，因此结果存在一定误差。

通过计算 2010 年 CA-Markov 模型模拟土地利用图和人工遥感解译的 2010 年土地利用分类图的 Kappa 系数来评价模型的有效性。Kappa 系数的计算结果表明土地利用变化模拟取得了较好的效果，能够对秦淮河流域未来的土地利用进行预测。

（3）土地利用变化预测。设定三个情景来预测流域未来于 2028 年的土地利用变化，情景 1 为自然发展模式，即保持原有转换矩阵与适宜性图集不变；情景 2 为可持续发展模式，即林地、水田保护模式，以情景 1 为基础，在城镇用地适宜性图制作中分别考虑林地和水田约束条件，而不改变转换矩阵；情景 3 为快速城市化发展模式，以情景 1 为基础，保持适宜性图集不变，而适当增加城镇用地转化概率和面积，创建模拟模型。

1）自然发展模式。自然发展模式下，首先以 2001 年和 2010 年土地利用数据为基础，采用 Markov 模块获取转移矩阵，具体数据见表 5.2，然后利用 CA-Markov 模块以 2010 年为现状年，循环次数设置为 18，执行模拟从而预测秦淮河流域 2028 年土地利用分布，模拟结果如图 5.5 所示。

表 5.2   2001 年和 2010 年 Markov 土地利用转移矩阵

2010 年 2001 年	城镇用地	旱地	水田	林地	水体	总计
城镇用地	89292	201580	81430	41355	17970	431627
旱地	144907	156593	252916	40354	3427	598197
水田	216127	288605	773925	71154	4492	1354303

2001年 \ 2010年	城镇用地	旱地	水田	林地	水体	总计
林地	28812	33637	98241	161174	1220	323084
水体	13684	5082	3218	4870	34491	61345
合计	492822	685497	1209730	318907	61600	2768556

注 表中数据为元胞个数，Markov 模型设置分配比例误差 0.15，因此结果存在一定误差。

2）可持续发展模式。江苏省和南京市分别相应制定了《江苏省土地利用总体规划（2006—2020年）》和《南京市土地利用规划总体规划》，规划主要实现以下目标：采取管理措施防止农田面积的快速变少；坚持改善土地类型组成和比例；科学地确定各种土地类型空间分布；极大地增强土地集约开发利用能力等。秦淮河流域城市化水平较高，城市化和工业化背景下一定时期内城镇用地需求量会保持在较高水平。推动城乡统筹和区域一体化发展，以及新农村建设的全面展

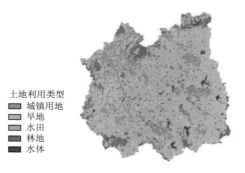

土地利用类型
- 城镇用地
- 旱地
- 水田
- 林地
- 水体

图 5.5　情景 1 的 2028 年土地利用预测图

开都形成了流域对住宅、工商业以及公共设施等用地的硬性需求。根据科学发展观的目标和原则，需要增强基本农田保护，采取管理措施减缓城镇用地的增长幅度，稳步提高林业用地面积，从而优化土地利用结构，进一步加强土地生态建设。

以秦淮河流域现状与相关规划为基础，本研究可持续发展模式分别考虑林地限制条件、水田限制条件，制作情景 2a 约束因子图以及情景 2b 约束因子图（图 5.6），并采用WLC 法创建情景 2a 与情景 2b 下的 2010 年土地利用约束条件。

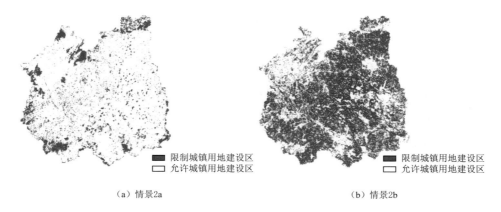

限制城镇用地建设区
允许城镇用地建设区

限制城镇用地建设区
允许城镇用地建设区

（a）情景 2a　　　　　　　　　　　　　　（b）情景 2b

图 5.6　情景 2a 与情景 2b 下的 2010 年土地利用约束条件

与自然发展模式下模拟类似，该模式下同样以 2010 年为基础年，采用 2001—2010 年Markov 转移矩阵和制作的考虑林地限制因子和水田限制因子的适宜性图集，从而预测得到情景 2a 与情景 2b 下的 2028 年土地利用变化预测图，如图 5.7 所示。

土地利用类型	土地利用类型
■ 城镇用地	■ 城镇用地
■ 旱地	■ 旱地
■ 水田	■ 水田
■ 林地	■ 林地
■ 水体	■ 水体
（a）情景2a	（b）情景2b

图 5.7　情景 2a 与情景 2b 下的 2028 年土地利用变化预测图

3）快速城市化发展模式。根据《南京市"十三五"国土资源保护和利用规划》，在"一带一路"以及长江经济带等国家政策的实施背景下，南京迎来新的发展机遇。南京市的江宁以及高淳等区经济将会实现新的跨越式增长，需要有足够的土地资源储备。可以看到南京市的土地需求总量会在随后一段时间内居高不下。据统计，2010—2015 年，南京市建设用地面积从 1758km² 增加到 1864km²，共增加 106km²，增长率约为 6.1%。

以南京市土地利用现状和发展趋势为背景，快速城市化发展模式在自然发展模式适当提高其他用地向城镇用地转移概率和面积，并采用相应的适宜性图集，设定循环次数为 18，执行模拟，得到情景 3 下 2028 年土地利用预测图，如图 5.8 所示。

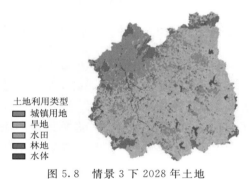

土地利用类型
■ 城镇用地
■ 旱地
■ 水田
■ 林地
■ 水体

图 5.8　情景 3 下 2028 年土地利用变化预测图

5.2　基于 LUCC 的秦淮河流域暴雨洪水水文响应分析

本节以秦淮河流域为研究区，应用 GIS、水文模型、数理统计等方法，把定性与定量分析相结合，创建 HEC - HMS 暴雨洪水模型，进行流域的暴雨洪水模拟与预测分析。首先研究该模型在秦淮河流域的适用性，然后根据 CA - Markov 模型模拟结果，利用 HEC - HMS 模型模拟不同土地利用情景下的暴雨洪水过程，分析研究基于 LUCC 的洪水洪峰和洪量的水文响应规律。

5.2.1　HEC - HMS 模型构建

HEC - HMS 模型是 USACE 水文工程中心研发的流域水文模型软件，它是以物理机制为基础开发的半分布式降雨径流模型。它考虑气象水文要素和下垫面条件的空间分布差异，首先划分子流域，并确定其相关参数，根据产汇流相关理论与计算方法进行产流和汇流计算，最终得到流域总的径流过程，其模拟原理如图 5.9 所示。

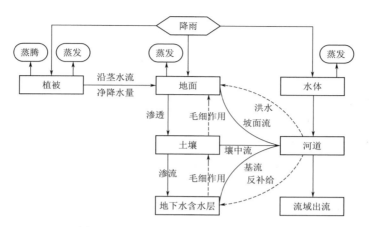

图 5.9　HEC－HMS 模型模拟原理图示

HEC－HMS 模型主要由流域、气象、控制运行以及时间序列数据等模块组成。流域模块概化了流域实际径流产生、汇聚以及演进过程，把径流的生成过程分为降雨损失、直接径流、基流和河道汇流四个部分。气象模块的作用是对径流产生过程的气象要素等数据进行预处理，并在气象站点与子流域之间建立地理联系。控制运行模块是模型执行模拟的关键模块，用于设置模拟运算的开始与结束时间以及步长，用户可以根据水文模拟精度或收集数据的尺度自主选定，模型步长从 1 分钟到 24 小时不等。时间序列数据库用于存储流域模拟计算所需要的雨量站坐标信息、气象与水文等系列信息。

HEC－HMS 模型中的计算模型由产流计算、直接径流（坡面流和壤中流）计算、基流计算、河道洪水演算四个模块组成。

（1）产流计算模块。HEC－HMS 模型产流计算方法根据适用条件是否考虑下垫面要素空间差异分为两类：集总式和分布式。集总式方法包括：初损稳渗法、SCS 曲线法、盈亏常数法、土壤湿度法；分布式方法包括格网 SCS 曲线法、格林-艾姆普特法、格网土壤湿度法。两类计算方法适用于短期或连续时间降雨径流模拟，但均是基于经验的模拟，需要对相关参数进行率定。

由于缺少最大潜在降雨损失量、初始损失量等相关资料，本书从上述方法中选用 SCS 曲线法进行产流计算。SCS 曲线法的原理是基于水平衡方程、比例相等假设以及初损值-当时可能最大潜在滞留量关系假设，根据累计降雨量、土壤质地、土地利用方式以及前期土壤含水量等条件，确定经验性的综合参数 CN 值，进行流域产流量模拟计算。其降雨-径流关系表达式如下所示。

$$\frac{F}{S} = \frac{Q}{P - I_a} \tag{5.5}$$

式中：P 为一次性降雨深度，mm；Q 为地表径流量，mm；I_a 为初始降雨损失，mm，即产生地表径流之前的降雨损失；F 为后损，mm，即形成地表径流之后的降雨损失；S 为潜在的最大滞留量，mm，是后损 F 的上限。其中：

$$I_a = aS \tag{5.6}$$

式中：a 为常数，在 SCS 模型中一般取为 0.2。

根据水量平衡，可得：

$$F = P - I_a - Q \tag{5.7}$$

其中，

$$Q = (P - I_a)^2 / (P - I_a + S) \tag{5.8}$$

$$S = 25400 / CN - 254 \tag{5.9}$$

CN 值反映降雨前期流域产流特征，可根据对应的土壤类型、土地覆被的组合查表确定，对于渗透率较高的土壤，CN 值取值范围为 30～100。

（2）直接径流模块。HEC-HMS 模型直接径流模块提供的计算方法可以分为两类：①经验模拟法，即传统单位线法；②概念模拟法，即运动波法。其中经验模拟法包括经验单位线法、Clark 单位线法等 5 种。除运动波法适用于概念性模拟，其他计算方法均属经验方法，但它们同样都需要对参数进行率定。

HEC-HMS 模型在利用单位线计算直接径流时，采用离散法描述净雨，已知各个时段的降雨"脉冲"，求解线性系统离散的卷积方程为

$$Q_n = \sum_{m=1}^{n \leqslant M} P_m U_{n-m+1} \tag{5.10}$$

式中：Q_n 为时间 $n\Delta t$ 时的暴雨洪水过程的纵坐标；P_m 为 $m\Delta t \sim (m+1)\Delta t$ 时间段的净雨深；M 是离散的降雨"脉冲"总数；U_{n-m+1} 为时间 $(n-m+1)\Delta t$ 时的单位线线纵坐标；Q_n 和 P_m 分别为流量和深度；U_{n-m+1} 的量纲为单位深度的流量。

本书采用的是 Snyder 单位线法，它于 1938 年由斯奈德（Snyder）提出，用于美国 Appalachain Highlands 无实测资料的 sherman 单位线确定问题。斯奈德采用洪峰延时、峰值流量和历时作为单位线的特征值，并建立了流域特性与单位线参数估算之间的关系。斯奈德单位线法前提要确定标准的洪峰延时 t_p 和峰值系数 C_p。峰值系数 C_p 的一般取值范围为 0.4～0.8，洪峰延时的计算公式为

$$T_p = CC_t (LL_c)^{0.3} \tag{5.11}$$

式中：C_t 为集水区系数；L 为从出口到分水点的主河道长度；L_c 为从出口沿着主河道至流域质心最近点的长度；C 为转换常数，SI 单位制时取 0.75，英尺-磅单位制时为 1.00。

（3）基流计算模块。基流是降雨透过地层的孔隙、溶洞和岩土裂隙等下渗到地下水层形成的持续不断的径流，由暂时存储于缝隙的前次降雨的径流或被延迟的当前降雨的表面径流组成。HEC-HMS 水文模型基流模块计算方法主要包括月恒定流法、指数退水曲线法、线性水库法，均需要对参数进行率定，适用于短期、集总式的经验模拟。

本书选定的基流计算方法为退水曲线法，又称指数衰退模型，常被用于描绘流域蓄水量的自然退水过程。假定在任意时刻，基流量与初始基流量存在一定关系，它的原理可以用式表示。

$$Q_t = Q_0 k^t \tag{5.12}$$

式中：Q_t 为时刻 t 所对应的基流量，m^3/s；Q_0 为开始时刻对应的基流量，m^3/s；k 为衰退指数，在 HEC-HMS 中，k 被定义为时间 t 时的基流与前一天的基流的比值。

（4）河道洪水演算模块。模型河道汇流模块计算方法包括 Modified Plus 法、Muskingum 法以及 Muskingum-Cunge 法等 5 种。这些方法中除滞后演算法与改进的 Puls 法属

于经验性方法，其他均属于概念或准概念性方法，但前后两者都需要率定参数，适用于短期的降雨径流过程模拟。

明渠水流的动量方程和连续方程是 HEC–HMS 演进模型的核心，马斯京根演进模型一样使用简化后的连续方程的有限差分法近似求解方法。当前，马斯京根法在国内外水文研究中应用最广，并均取得了良好的效果。由于它的参数少，且率定简单，本书采用马斯京根法演算河道演进过程。根据河道传播时间 K 和流量比重因子 x 值，即可求得出流过程。其演算方程为

$$O_2 = C_0 I_1 + C_1 I_2 + C_2 O_1 \tag{5.13}$$

$$\begin{cases} C_0 = \dfrac{0.5t - Kx}{K - Kx + 0.5t} \\[2mm] C_1 = \dfrac{0.5t + Kx}{K - Kx + 0.5t} \\[2mm] C_2 = \dfrac{K - Kx - 0.5t}{K - Kx + 0.5t} \end{cases} \tag{5.14}$$

$$O_2 C_0 + C_1 + C_2 = 1 \tag{5.15}$$

式中：I_1、I_2 分别是河段开始时刻、结束时刻上游断面的流入水量，m^3/s；O_1、O_2 分别是河段开始时刻、结束时刻下游断面的流出水量，m^3/s；t 为河道演进的计算时间长度，h；K 为恒定流状态的水流在河道内演进的时间；x 为流量比重因子。

5.2.2　HEC–GeoHMS 模块构建

HEC–GeoHMS 是基于 GIS 的地理空间水文学工具扩展包，允许用户可视化空间信息，获取流域特征，进行空间分析，划分子流域和水系，为水文模型提供相关格式的输入文件，与 HEC–HMS 建立连接。HEC–GeoHMS 提供 HEC–HMS 模型构建需要的背景地图文件、流域模型文件、气象模型文件。其中，流域模型文件中包含了水文要素、水系连通关系以及使用地理空间数据估算的子流域面积和其他水文参数。HEC–GeoHMS 可以生成包含流域和水系物理特征的表格，用于帮助用户估算水文参数的初始值。HEC–HMS 模型建立具体流程如图 5.10 所示。

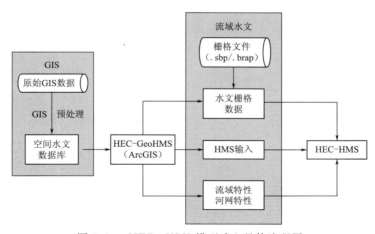

图 5.10　HEC–HMS 模型建立具体流程图

从数据管理、地形预处理、流域处理以及水文参数估计四个方面对程序功能进行说明。

1) 数据管理。HEC-GeoHMS 可以执行许多管理任务，帮助用户收集和管理生成的 GIS 数据。数据管理功能可以跟踪 GIS 数据层及其名称。在执行特定操作之前，数据管理器将提供用于操作的适当数据输入，并提示用户进行确认。其他时候，数据管理功能可管理各种项目的位置，并执行错误检查和检测。

2) 地形预处理。HEC-GeoHMS 允许用户执行地形逐步预处理或批量预处理操作。在逐步预处理的过程中，用户可以检查输出的准确性，并根据需要对数据集进行更正。而批量处理可以自动地进行地形预处理。

3) 流域处理。当用户划分流域或合并许多较小的子流域时，操作结果会立即显示以供用户确认，HEC-GeoHMS 交互式执行子流域处理的能力非常强大，可以为用户提供建模决策，而不必重新处理数据。如果需要在坡度中断处进行子流域划分，用户使用划界工具，只需点击坡度处的水系。HEC-GeoHMS 还可以通过提供包含所需出口的点位置的数据实现批量划分子流域。

4) 水文参数估计。基于各种土壤和土地利用数据库可以计算曲线数（CN 值）和其他损耗率参数。此外，流域和渠道特征等与 HEC-GeoHMS 的链接可以帮助用户估算集中时间的初始值，流域和河道特征可以用来计算流域滞时和简单的棱柱体 Muskingum-Cunge 演进参数。

水文气象数据库的建立。以包含丰、平、枯等洪水类型为原则，选取秦淮河流域内 1986—2006 年间的 8 场典型洪水观测资料进行模拟研究。水文气象数据库的建立包含两部分内容，一部分是将降雨、径流数据输入 HEC-DSSVue 数据库，以供 HEC-HMS 水文模型中的时间序列数据模块读取；另一部分则是雨量站的定义和分配。

研究中模拟流域被划分为 19 个子流域，选用泰森多边形法对实测的降雨数据进行内插，最终得到每个子流域形心处的降雨量。秦淮河流域雨量站泰森多边形和模型结构图如图 5.11 所示。

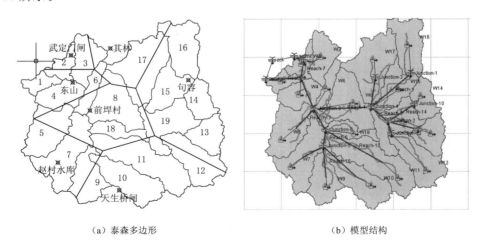

（a）泰森多边形　　　　　　　　　　（b）模型结构

图 5.11　秦淮河流域雨量站泰森多边形和模型结构图

62

水文模型率定与验证。模型需要设定的参数有 CN 值、不透水率、流域滞时、蓄量常数 K 及流量比重 X，由于根据流域土地利用以及河道情况等可以确定 CN 值、不透水率、流域滞时，因此两个参数 K、X 是率定的主要对象[73]。通过不断进行参数调整，并计算其对应模拟流量与实测流量之间拟合的评价参数，如相对误差、Nash 系数等，当评价值满足一定标准时，认为模型可以有效地模拟流域水文过程。其中，R^2、E_{ns} 计算表达式如下。

$$E_{ns} = 1 - \sum_{i=1}^{n}(Q_o - Q_s)^2 / \sum_{i=1}^{n}(Q_o - Q_{o,avg})^2 \qquad (5.16)$$

$$R^2 = \frac{\left[\sum_{i=1}^{n}(Q_{s,i} - Q_{s,avg})(Q_{o,i} - Q_{o,avg})\right]^2}{\sum_{i=1}^{n}(Q_{s,i} - Q_{s,avg})^2 \sum_{i=1}^{n}(Q_{o,i} - Q_{o,avg})^2} \qquad (5.17)$$

式中：Q_o、$Q_{o,i}$ 为实测值，m^3/s；Q_s、$Q_{s,i}$ 为模拟值，m^3/s；$Q_{o,avg}$ 为实测平均值，m^3/s；$Q_{s,avg}$ 为模拟平均值，m^3/s；n 为数据个数。

根据选择的 8 场具有代表性的典型洪水，对模型进行率定以及验证，其中 3 场洪水用于模型率定，另外 5 场用于模型验证。率定后秦淮河流域 HEC-HMS 模型参数见表 5.3，率定期与验证期评价结果统计见表 5.4。

表 5.3   **秦淮河流域 HEC-HMS 模型参数**

子流域编号	CN 值	不透水率	流域滞时/min	蓄量常数/h	流量比重
1	70	0.40	2531	4.34	0.30
2	82	0.40	2531	4.02	0.30
3	59	0.33	2531	0.91	0.30
4	62	0.30	2531	4.79	0.30
5	57	0.12	2625	3.39	0.30
6	56	0.23	2625	1.71	0.30
7	68	0.08	2813	1.71	0.30
8	69	0.08	2625	2.85	0.30
9	67	0.07	2813	1.60	0.30
10	71	0.18	2813	5.68	0.30
11	70	0.10	3000	0.86	0.30
12	70	0.11	3000	2.60	0.30
13	71	0.12	3000	4	0.30
14	71	0.06	3000	2.17	0.30
15	71	0.27	3000	2.17	0.30
16	68	0.06	3000	0.91	0.30
17	69	0.09	3000	3.88	0.30
18	63	0.07	2625	2.99	0.30
19	72	0.27	3000	3.63	0.30

表 5.4 率定期与验证期评价结果统计

模拟期	洪号	洪量相对误差/%	洪峰相对误差/%	峰现滞时/d	Nash 系数	相关系数
率定期	19870701	−4.59	16.75	1	0.93	0.93
	19890803	8.25	14.79	0	0.95	0.96
	19990622	10.71	12.18	0	0.97	0.98
均值		4.79	14.57		0.95	0.96
验证期	19870815	−6.48	−3.83	0	0.97	0.97
	19910630	−6.51	16.00	1	0.89	0.97
	19960626	−4.12	−16.28	0	0.90	0.90
	20020619	−21.72	−24.11	1	0.90	0.94
	20030626	18.68	5.67	0	0.95	0.98
均值		−4.03	−4.51		0.92	0.95

根据表 5.4，在率定期，19870701 次、19890803 次以及 19990622 次的 3 场洪水的洪量相对误差和洪峰相对误差均值分别为 4.79% 和 14.57%，一般认为其误差小于 20%，即达到模拟精度要求，且 E_{ns}、R^2 均值分别为 0.95、0.96，表明模型在率定期的模拟效果较为可靠。率定期 3 场洪水模拟值和实测值对比如图 5.12 所示。

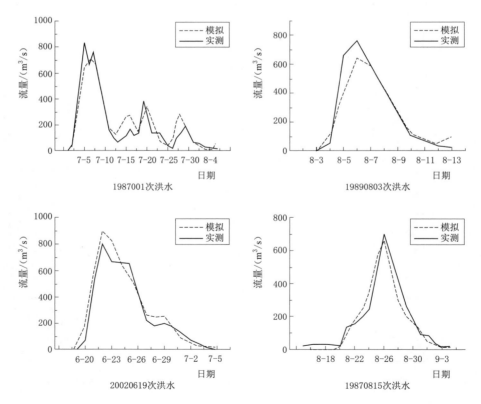

图 5.12（一） 洪水模拟过程和实测过程对比

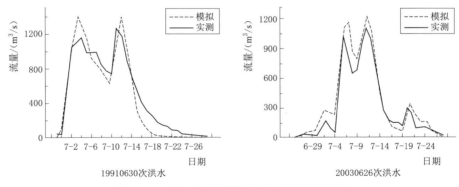

图 5.12（二）　洪水模拟过程和实测过程对比

19910630次洪水　　　　20030626次洪水

根据表 5.4，在验证期，5 场洪水的洪量相对误差均值为 −4.03%，洪峰相对误差均值为 −4.51%，达到模拟精度要求；且 E_{ns}、R^2 均值分别为 0.92、0.95，表明模型在验证期的模拟效果也较为可靠。验证期其中 3 场洪水模拟值和实测值对比如图 5.12 所示，由图 5.12 可知，无论是率定期还是验证期，模拟的洪水过程都能够很好地拟合实测洪水过程。综上可知，模型在秦淮河流域基于 LUCC 的暴雨洪水响应研究中具有良好的适用性。

5.2.3　土地利用变化下的流域暴雨洪水水文响应分析

为了揭示土地利用变化对秦淮河流域洪水的影响，根据对秦淮河流域 20 年（1986—2006 年）实测洪水资料的统计，对秦淮河流域的典型暴雨洪水按洪量大小分为三个量级，小规模洪水：洪量 200mm 以下，以 19890803 次洪水为例；中等规模洪水：洪量 200～350mm，以 19870701 次洪水为例；大规模洪水：洪量 350mm 以上，以 19910630 次洪水为例，并利用流域 HEC - HMS 模型对三次暴雨洪水事件进行模拟分析。

本书利用经过率定和验证的 HEC - HMS 模型预测 2028 年的流域洪水过程，分别采用情景假设法和模型模拟法，结合不同量级洪水分析土地利用变化对洪水过程的影响以及未来不同土地情景下洪水水文过程的变化规律。

（1）模型参数的确定。

1）CN 的定义和计算。本书选择在 SCS 曲线方法进行产流计算，CN 值是一个需要确定的重要参数。CN 值是土壤透水性、土地利用和前期土壤水分条件的函数。要确定每个子流域对应的 CN 值，首先要确定流域土壤类型的水力学分组，即水文单元。本书水文单元确定采用最小下渗率，土壤类型和相应的水文单元见表 5.5，秦淮河流域各子流域土壤类型和土地利用类型比例如图 5.13 所示，秦淮河流域不同水文单元和土地利用类型对应的 CN 值见表 5.6。根据不同时期的秦淮河流域土壤类型和土地利用的比例，计算相应年份子流域的综合 CN 值，具体数据见表 5.7。

表 5.5　　　　　　　　　　研究区土壤类型及其对应水文单元

土壤类型	RGd	FLe	ATc	GLe	LVh	PLe
土壤名称	不饱和粗骨土	饱和冲积土	人为堆积土	饱和潜育土	普通淋溶土	饱和黏磐土
水文单元	A	C	A	A	A	C

注　该土壤数据来源于联合国粮农组织和维也纳国际应用系统研究所所构建的世界和谐土壤数据库。

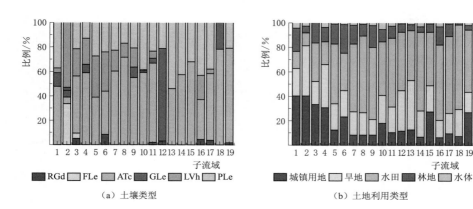

（a）土壤类型　　　　　　　　　　　　（b）土地利用类型

图 5.13　秦淮河流域各子流域土壤类型和土地利用类型比例

表 5.6 　　　　　　　　研究区土地利用类型和水文单元对应的 CN 值

土地利用类型	水文单元		土地利用类型	水文单元	
	A	C		A	C
城镇用地	69	86	林地	25	70
旱地	65	81	水体	92	92
水田	62	78			

表 5.7 　　　　　　　　　　　　子流域综合 CN 值

子流域	2010 年	2028 年情景 1	2028 年情景 2		2028 年情景 3
			a	b	
1	70	70	71	70	71
2	82	83	85	83	85
3	59	60	58	57	61
4	62	63	63	61	64
5	57	57	56	59	57
6	56	58	58	55	59
7	68	68	69	69	69
8	69	70	69	69	71
9	67	67	68	68	68
10	71	71	71	71	72
11	70	70	70	70	70
12	70	70	70	70	70
13	71	71	72	72	72
14	71	71	72	71	72
15	71	72	72	71	72
16	68	68	67	66	67
17	69	70	69	69	70
18	63	62	63	63	63
19	72	72	72	72	72

2) 不透水率的确定。由 CA - Markov 模型生成的流域 2028 年土地利用分布结果，需要经过 IDRISI 格式转换、GIS 工具裁剪和重分类，才可以作为 HEC - HMS 水文模型的基础数据。在 GIS 中，分别将流域 2010 年和 2028 年土地利用删格数据转换为相应矢量文件，并分别与子流域划分矢量文件进行相交，得到每个子流域上土地利用分布情况，每个子流域内城镇用地所占比例见表 5.8。秦淮河流域城市化水平高，本书以子流域的城镇用地比例为基础，适当确定子流域不透水率，用于模型模拟。

表 5.8 各子流域内城镇用地所占比例统计

子流域	面积 /km²	2010 年	2028 年 情景 1	2028 年情景 2		2028 年 情景 3
				a	b	
1	43.27	0.40	0.40	0.58	0.47	0.74
2	53.43	0.40	0.46	0.84	0.65	0.90
3	102.58	0.33	0.44	0.66	0.45	0.76
4	97.71	0.30	0.33	0.61	0.47	0.76
5	163.15	0.12	0.13	0.10	0.16	0.25
6	61.33	0.23	0.33	0.53	0.35	0.61
7	199.95	0.08	0.09	0.05	0.13	0.14
8	185.67	0.08	0.13	0.14	0.09	0.26
9	121.57	0.05	0.05	0.05	0.08	0.10
10	165.34	0.18	0.19	0.12	0.19	0.21
11	248.26	0.10	0.11	0.03	0.11	0.11
12	159.20	0.11	0.08	0.03	0.09	0.05
13	91.32	0.12	0.05	0.00	0.02	0.02
14	83.00	0.06	0.09	0.02	0.05	0.08
15	117.03	0.27	0.33	0.27	0.24	0.32
16	148.37	0.06	0.08	0.02	0.08	0.06
17	225.41	0.09	0.20	0.13	0.11	0.30
18	61.33	0.07	0.10	0.05	0.17	0.12
19	159.96	0.27	0.30	0.16	0.19	0.22

（2）基于情景假设法的洪水水文响应。为便于与模型模拟的研究对比分析，从而丰富土地利用变化的洪水效应研究，以土地利用现状为基础，采用情景假设法，假设城市化背景下城镇用地面积比例，即不透水率增长 30%、40%、50%，利用 HEC - HMS 模型模拟暴雨洪水过程，并研究不同规模的暴雨洪水的水文响应规律。

1）模型参数的确定。为了研究以城镇用地增长为主要特征的土地利用变化导致洪水效应增强的趋势和规律，本书设置城镇用地增长比例分别为 30%、40%、50%。以 2010 年流域土地利用现状为基础，按城镇用地增长比例合理确定相应情景下子流域的不透水率，子流域 CN 值根据城镇用地变化按比例进行计算，用于模型模拟。情景假设法的各子流域内城镇用地所占比例统计见表 5.9。

表 5.9   各子流域内城镇用地所占比例统计

子流域	面积/km²	2010 年	城镇用地比例		
			增长 30%	增长 40%	增长 50%
1	43.27	0.40	0.52	0.56	0.60
2	53.43	0.40	0.52	0.56	0.60
3	102.58	0.33	0.43	0.46	0.50
4	97.71	0.30	0.39	0.42	0.45
5	163.15	0.12	0.16	0.17	0.18
6	61.33	0.23	0.30	0.32	0.35
7	199.95	0.08	0.10	0.11	0.12
8	185.67	0.08	0.10	0.11	0.12
9	121.57	0.07	0.09	0.10	0.11
10	165.34	0.23	0.23	0.25	0.27
11	248.26	0.10	0.13	0.14	0.15
12	159.20	0.11	0.14	0.15	0.17
13	91.32	0.12	0.16	0.17	0.18
14	83.00	0.06	0.08	0.08	0.09
15	117.03	0.27	0.35	0.38	0.41
16	148.37	0.06	0.08	0.08	0.09
17	225.41	0.09	0.12	0.13	0.14
18	61.33	0.07	0.09	0.10	0.11
19	159.96	0.27	0.30	0.32	0.35

2）洪水水文响应分析。利用 HEC - HMS 模型模拟对应不同城镇用地增长比例以及不同洪水规模下的洪水变化规律，模拟结果见表 5.10。对应城镇用地比例分别增加 30%、40%、50%，洪水过程线如图 5.14 所示，大、中、小规模洪水洪峰和洪量相对变化图如图 5.15 所示。

表 5.10   城镇用地比例增加 30%、40%、50% 洪水洪峰和洪量变化

情景	特征值	小规模洪水（序号：19890803）		中规模洪水（序号：19870701）		大规模洪水（序号：19910630）	
		模拟值	相对变化/%	模拟值	相对变化/%	模拟值	相对变化
2010	洪峰/(m³/s)	652.15	—	698.02	—	1339.37	—
	洪量/mm	96.27	—	277.88	—	368.30	—
30%	洪峰/(m³/s)	682.90	4.7	715.14	2.5	1343.93	0.34
	洪量/mm	100.08	4.0	282.70	1.7	373.38	1.4
40%	洪峰/(m³/s)	693.87	6.4	721.21	3.3	1345.67	0.47
	洪量/mm	101.35	5.3	284.23	2.3	375.16	1.9
50%	洪峰/(m³/s)	704.70	8.1	724.24	4.2	1347.38	0.6
	洪量/mm	102.62	6.6	286.00	2.9	376.94	2.3

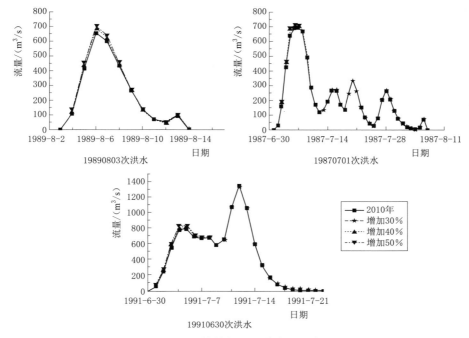

图 5.14　情景假设的洪水过程线

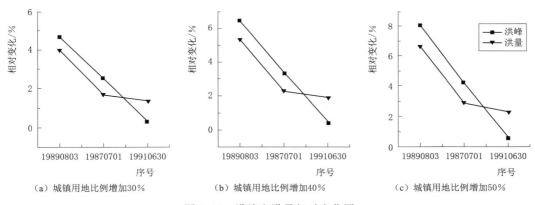

（a）城镇用地比例增加30%　　　（b）城镇用地比例增加40%　　　（c）城镇用地比例增加50%

图 5.15　洪峰和洪量相对变化图

由表 5.10 和图 5.15 可知，城镇用地比例增加 30%、40%、50%，洪峰和洪量均呈现一致性增加趋势，以城镇用地比例增加 30% 为例，三场规模洪水的洪峰和洪量平均增加 2.51% 和 2.37%；不同城镇用地增长比例的洪峰和洪量变化具有同样的规律，即洪水规模越小，洪峰和洪量变化越明显，以城镇用地比例增加 40% 为例，小、中、大规模洪水的洪峰和洪量相对变化分别为 6.4% 和 5.3%、3.3% 和 2.3%、0.47% 和 1.9%；不同规模的暴雨洪水随着城镇用地比例增加，洪峰和洪量均呈现一致性增加，以小规模洪水为例，城镇用地比例增加 30% 时，洪峰和洪量变化为 4.7% 和 4.0%，而城镇用地增加 50% 时，洪峰和洪量变化为 8.1% 和 6.6%。

（3）基于模型模拟法的洪水水文响应。本节采用模型模拟法，以土地利用现状以及 CA - Markov 模型土地利用预测结果为基础，利用模型模拟获得的土地利用分布结果确定水文模型相关参数，如 CN 值、不透水率等，利用 HEC - HMS 模型模拟暴雨洪水过程，并研究不同规模暴雨洪水的水文响应规律。

1）自然发展模式。情景 1 为自然发展模式，以 2010 年土地利用为基础预测 2028 年土地利用情况，经过统计分析获得 2028 年土地利用模型参数，将其输入 HEC - HMS 模型，选择不同规模的洪水过程进行模拟并分析其洪水效应。洪水模拟结果对比见表 5.11，洪水过程线如图 5.16 所示，洪峰和洪量变化图如图 5.17 所示。

表 5.11　　　　　　2010 年和 2028 年情景 1 下土地利用的洪水模拟结果对比

| 洪　　水 | | 2010 年 | | 2028 年情景 1 | | | |
等级	序号	洪峰/(m³/s)	洪量/mm	洪峰/(m³/s)	变化/%	洪量/mm	变化/%
小规模	19890803	652.15	96.27	675.18	3.5	99.06	2.9
中规模	19870701	698.02	277.88	709.31	1.6	281.69	1.4
大规模	19910630	1339.37	368.30	1344.66	0.4	372.36	1.1

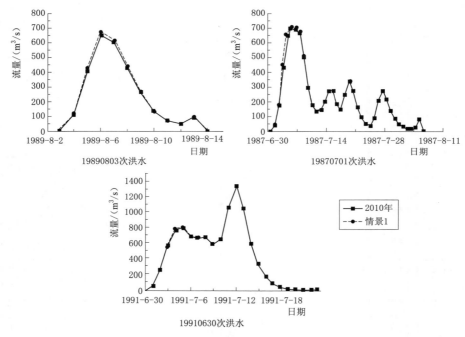

图 5.16　模型模拟情景 1 的洪水过程线

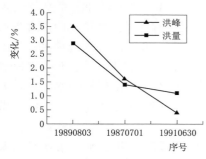

图 5.17　情景 1 洪峰和洪量变化图

由表 5.11 可知，情景 1 下 2028 年土地利用变化的不同规模洪水的洪峰和洪量，相对于 2010 年均有不同程度的增大。以中规模 19870701 次洪水为例，洪峰和洪量分别增长 1.6%、1.4%。由情景 1 洪峰和洪量变化图 4.10 可知，对于规模大小不同的洪水，洪峰洪量变化程度不一致；洪水规模越少，变化越明显，以洪峰为例，小规模、中规模、大规模洪水分别增长 3.4%、1.6%、0.4%。

2）可持续发展模式。

a. 情景 2a 洪水效应分析。情景 2a 为可持续发展模式下林地保护情景，以 2010 年土地利用为基础预测 2028 年土地利用，经过统计分析得到 2028 年土地利用模型参数，将其代入 HEC - HMS 模型，选择不同规模的洪水过程进行模拟并分析其洪水效应。洪水模拟结果对比见表 5.12，洪峰和洪量变化对比图如图 5.18 所示。

表 5.12　　　　　　　2010 年和 2028 年情景 2a 下土地利用的洪水模拟结果对比

洪　　水		2010 年		2028 年情景 2a			
等级	序号	洪峰/(m³/s)	洪量/mm	洪峰/(m³/s)	变化/%	洪量/mm	变化/%
小规模	19890803	652.15	96.27	672.55	3.1	98.55	2.4
中规模	19870701	698.02	277.88	700.19	0.3	280.92	1.1
大规模	19910630	1339.37	368.30	1345.09	0.4	371.86	1.0

由表 5.12 和图 5.18 可知，情景 2a 下 2028 年土地利用变化的不同规模洪水的洪峰和洪量变化与情景 1 具有相同的结论。情景 2a 和情景 1 相比，不同洪水规模的洪水洪峰和洪量变化程度均有不同程度的减少。以小规模 19890803 次洪水为例，情景 1 和情景 2a 的洪峰和洪量增长分别为 3.5% 和 2.9%、3.1% 和 2.4%。从土地利用变化角度分析，情景 2a 为林地限制模式，减少了林地向城镇用地的转换，从而一定程度上减缓了城镇用地快速增加导致洪水洪量和洪峰增加的城镇化水文效应。

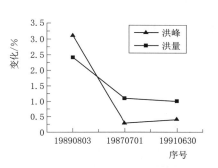

图 5.18　情景 2a 洪峰和洪量变化图

b. 情景 2b 洪水效应分析。情景 2b 为可持续发展模式下水田保护情景，洪水模拟结果对比见表 5.13，洪峰和洪量变化对比图如图 5.19 所示。

表 5.13　　　　　　　2010 年和 2028 年情景 2b 下土地利用的洪水模拟结果对比

洪　　水		2010 年		2028 年情景 2b			
等级	序号	洪峰/(m³/s)	洪量/mm	洪峰/(m³/s)	变化/%	洪量/mm	变化/%
小规模	19890803	652.15	96.27	673.74	3.3	98.81	2.6
中规模	19870701	698.02	277.88	708.72	1.5	281.18	1.2
大规模	19910630	1339.37	368.30	1342.70	0.2	371.86	1.0

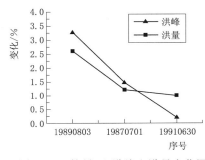

图 5.19　情景 2b 洪峰和洪量变化图

由表 5.13 和情景 2b 洪峰和洪量变化图可知，2028 年情景 2b 下土地利用变化的不同规模洪水的洪峰和洪量变化与情景 1 具有相同的结论。以大规模 19910630 次洪水为例，洪峰和洪量分别增长 0.2%、1.0%。

情景 2b 和情景 1 模拟结果相比，不同洪水规模的洪水洪峰和洪量变化程度均有不同程度的减少，但仍大于情景 2a 洪水洪峰和洪量变化幅度。以 19870701 次洪水为例，情景 1 洪峰和洪量变化分别为 1.6%、1.4%；

情景 2a 洪峰和洪量变化分别为 0.3%、1.1%；情景 2b 洪峰和洪量变化分别为 1.5%、1.2%。从土地利用变化情景角度分析，在城镇用地转化面积一定情况下，情景 1（自然发展模式）下，由水田、旱地、林地等分别向城镇用地转化；而以情景 2b 水田为限制因子，控制了水田向城镇用地的转化，相对增大了旱地和林地向城镇用地转化的比例；而情景 2a 以林地为限制因子，控制了林地向城镇用地的转化，相对增大了水田和旱地等向城镇用地转化的比例。

究其原因，考虑主要土地利用类型 CN 值以城镇用地最大，其次是旱地、水田、林地，由于情景 1 流域内水田、旱地、林地等一致向城镇用地转化，CN 值变化最大；与情景 2a 相同面积的水田、旱地等向城镇用地转化相比，情景 2b 下相同面积的旱地、林地等转化为城镇用地，流域 CN 值相对变化较大，而 CN 值越高，意味着该种土地类型覆盖的地表越易产流，从而导致情景 1 洪水模拟结果最大，情景 2b 次之，情景 2a 洪水模拟结果最小。

3）快速城市化发展模式。情景 3 为快速城市化发展模式，洪水模拟结果对比见表 5.14，洪水过程线如图 5.20 所示，洪峰和洪量变化对比图如图 5.21 所示。

表 5.14　　　　　　　2010 年和 2028 年情景 3 下土地利用的洪水模拟结果对比

洪　　水		2010 年		2028 年情景 3			
等级	序号	洪峰/(m³/s)	洪量/mm	洪峰/(m³/s)	变化/%	洪量/mm	变化/%
小规模	19890803	652.15	96.27	744.79	14.2	107.44	11.6
中规模	19870701	698.02	277.88	742.20	6.3	292.60	5.3
大规模	19910630	1339.37	368.30	1358.20	1.4	384.30	4.3

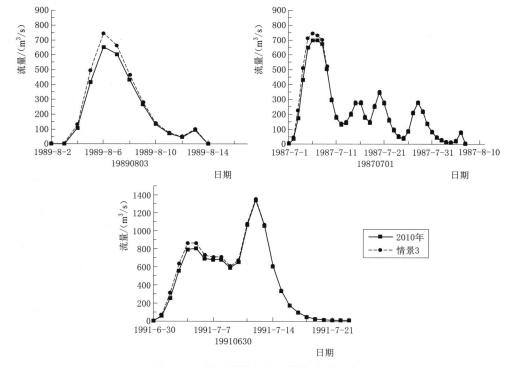

图 5.20　模型模拟情景 3 的洪水过程线

由表 5.14 可知，快速城市化发展模式情景下，2028 年洪峰和洪量相对于 2010 年有明显的不同程度的增加；洪峰和洪量变化程度与洪水规模相关，洪水规模越小，其洪峰和洪量变化越大，以洪峰为例，小规模 19890803、中规模 19870701、大规模 19910630 三场洪水洪峰增加比例分别为 14.2%、6.3%、1.4%。与自然发展模式相比，快速城市化发展模式的洪峰和洪量增长程度更大，以中规模洪水 19870701 次为例，自然发展模式的洪峰和洪量增长比例分别为

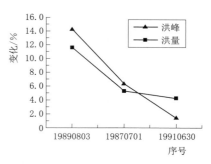

图 5.21　情景 3 洪峰和洪量变化图

1.6% 和 1.4%，而快速城市化发展模式的洪峰和洪量分别增长 6.3% 和 5.3%，反映了快速城市化以城镇用地增长为主要特征的土地利用变化的洪水响应。

4）子流域的洪水水文响应。

流域城市化水文效应由于降雨和下垫面条件空间分布的差异而具有空间异质性，秦淮河流域不同的地区由于城镇化发展水平不同，土地利用变化类型和程度都不同，这些导致土地利用变化的暴雨洪水响应在子流域上表现出空间差异性。以 19870701 次洪水（中规模洪水）事件为例，在情景 1 土地利用变化条件下，分别对 2010 年和 2028 年土地利用变化下子流域的暴雨洪水过程进行模拟分析，并分析城镇用地面积增加和子流域洪水洪峰和洪量变化的响应关系。

对情景 1 下 2028 年相对 2010 年城镇用地变化按子流域进行分级统计，子流域城镇用地变化比例分布如图 5.22（a）所示；子流域的洪峰和洪量模拟结果统计分析如图 5.22（b）和（c）所示。根据图 5.22 可知，颜色越深对应变化程度越大，城镇用地比例变化较大的子流域主要位于流域的中下游和部分上游地区，在地理位置上分别对应南京市城区和句容市区，如子流域 3、6、8 和 17 等，和洪峰、洪量变化程度较大的子流域的分布基本一致，即子流域的洪峰、洪量随着城镇用地比例的增加而增加。

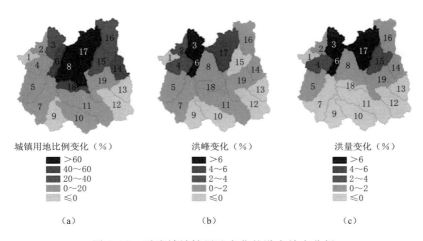

图 5.22　子流域城镇用地变化的洪水效应分析

73

子流域8、17、18城镇用地变化的洪水效应分析如图5.23所示。以子流域8、17、18为例，城镇用地比例变化分别为63%、122%、43%；对应洪峰变化分别为1%、6%、1%；但对应洪量变化分别为1%、7%、0。可见，城镇用地比例变化和洪峰及洪量变化虽然呈现一致的增加趋势，但变化的程度并不完全一致，这也体现出子流域尺度上的空间异质性，洪水效应除受城镇用地变化比例的影响，也受流域土壤条件、降雨、地形等因素的影响。综上，城镇用地变化的洪水效应受多种因素的影响，具有一定复杂性。

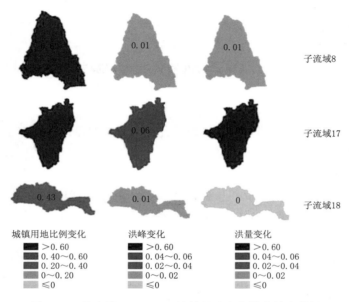

图 5.23 子流域 8、17、18 城镇用地变化洪水效应分析

5.3 基于 LUCC 的洪水水文过程变化下的洪水演进响应分析

5.3.1 HEC-RAS 模型构建

（1）模型概况。HEC-RAS 模型与 HEC-HMS 模型来自同一家研究机构 USACE，同属于该研究单位开发的 HEC 系列软件之一，应用于河流动力学计算。HEC-RAS 是一个集成的软件系统，专为在多任务环境中交互使用而设计。该系统由图形用户界面（GUI），单独的分析组件，数据存储和管理功能，图形和报告功能组成。用户通过图形用户界面（GUI）与 HEC-RAS 进行交互。界面设计的主要焦点是使用户易于使用该软件，同时仍然为用户保持高效率。该界面提供以下功能：文件管理、数据输入和编辑、河流分析、输入和输出数据的制表和图形显示、报告功能、在线帮助。

HEC-RAS 系统包含四个一维河流分析组件，用于：①稳定水流水面剖面计算；②非定常流动模拟；③可移动边界输沙计算；④水质分析。一个关键要素是所有四个组件都使用常见的几何数据表示法和常见的几何和水力计算程序。除了四个河流分析组件外，该系统还包含几个水力设计特征，一旦计算出基本的水面剖面，就可以调用这些特征。当

74

前版本的 HEC‐RAS 支持稳定、不稳定流动水面剖面计算、沉积物运输/移动床计算以及水质分析，新功能和附加功能将在未来版本中继续完善。

1）恒定流计算模块。稳定流动水流表面轮廓的建模系统组件用于计算稳定逐渐变化的水流的水面剖面。该系统可以处理完整的河道网络、树状系统或单个河段。稳定流部分能够模拟亚临界、超临界和混合流动状态的水面剖面。模块基本的计算过程基于一维能量方程的求解，通过摩擦（Manning 方程）和收缩/膨胀（系数乘以速度水头的变化）评估水流能量损失，一维能量方程计算公式如下。

$$Z_2 = Z_1 + h_f + h_j + \alpha_1 v_1^2/(2g) - \alpha_2 v_2^2/(2g) \tag{5.18}$$

式中：Z_1、Z_2 分别为 1、2 断面的水位，m；h_f、h_j 分别为 1、2 断面间沿程水头损失与局部水头损失，m；α_1、α_2 分别为 1、2 断面的流速系数；v_1、v_2 分别为 1、2 断面的流速，m/s；g 为重力加速度，m/s²。

两个断面间的水头损失包括沿程和局部两部分，其表达式如下。

$$h_e = L\overline{S_f} + C\left|\frac{a_2 v_2^2}{2g} - \frac{a_1 v_1^2}{2g}\right| \tag{5.19}$$

式中：L 为断面平均距离，m；$\overline{S_f}$ 为两个断面之间沿程水头损失的坡度；C 为收缩或扩散损失系数。

断面平均距离表达式如下。

$$L = \frac{L_{lob}\overline{Q_{lob}} + L_{ch}\overline{Q_{ch}} + L_{rob}\overline{Q_{rob}}}{\overline{Q_{lob}} + \overline{Q_{ch}} + \overline{Q_{rob}}} \tag{5.20}$$

式中：L_{lob}、L_{ch}、L_{rob} 分别为两个断面之间左边滩地、主槽、右边滩地的距离，m；$\overline{Q_{lob}}$、$\overline{Q_{ch}}$、$\overline{Q_{rob}}$ 分别为左边滩地、主槽、右边滩地平均流量，m³/s。

根据糙率出现差异的位置划定滩地，采用曼宁公式求取各个部分的流量，其表达式如下。

$$Q = KS_f^{1/2} \tag{5.21}$$

$$K = \frac{1}{n}AR^{2/3} \tag{5.22}$$

式中：K 为流量模数，m³/s；n 为曼宁糙率系数；A 为分区面积，m²；R 为水力半径，m。

动能修正系数 a 可利用滩地和主槽流量来求取，表达式如下。

$$a = \frac{(A_t)^2\left[\frac{K_{lob}^3}{A_{lob}^2} + \frac{K_{ch}^3}{A_{ch}^2} + \frac{K_{rob}^3}{A_{rob}^2}\right]}{K_t^3} \tag{5.23}$$

式中：A_t 为整个过流断面面积，m²；A_{lob}、A_{ch}、A_{rob} 分别为两个断面之间左边滩地、主槽、右边滩地过流面积，m²；K_t 为整个过流断面的流量模数，m³/s。沿程水头损失坡度 $\overline{S_f}$ 表达式如下。

$$\overline{S_f} = \left(\frac{Q_1 + Q_2}{K_1 + K_2}\right) \tag{5.24}$$

稳定流量组件的特点包括：多个计划分析、多河段断面计算、多桥或涵洞分析、桥梁冲刷分析、分流优化、稳定的河道设计和分析。计算中可考虑各种障碍物的影响，例如桥梁、涵洞、堤坝、堰和其他洪泛平原结构。稳定流量系统设计用于洪水平原管理和洪水保险，以及洪水灾害评估研究。此外，还可用于评估由于渠道修改和堤坝造成的水面剖面变化。

2）非恒定流计算模块。HEC-RAS 建模的非定常流动模拟系统组件能够通过完整的开放通道网络模拟一维非定常流动。非定常流动方程求解器由 Robert L. Arkau 博士的 UNET 模型改编而成。非定常流动模块主要用于亚临界流动状态计算。然而，该模型现在可以在非定常流量计算模块中执行混合流动状态（亚临界、超临界、水跃和水跌）计算，为稳定流部件开发的横截面，桥梁、涵洞和其他水工结构的水力计算被纳入非定常流动模块。非恒定流模块的特征包括：大坝破坏、堤防破坏和漫顶、泵站、航运坝作业、加压管道系统。

HEC-RAS 模型在进行非恒定流模拟的过程中，遵循的物理基础为连续方程和动量方程，其中，连续方程如式（5.25）所示，动量方程如式（5.26）所示。

$$\frac{\partial \rho}{\partial t} + \frac{\partial (\rho u_i)}{\partial x_i} = 0 \tag{5.25}$$

式中：ρ 为水的密度，kg/m^3；u 为流速，m/s；t 为时间，s；x 为距离，m。

$$\frac{\partial u_i}{\partial t} + u_j \frac{\partial u_i}{\partial x_j} = f_i - \frac{\partial p}{\partial x_i} + \nu \frac{\partial^2 u_i}{\partial x_j \partial x_i} \tag{5.26}$$

式中：f 为质量力，$kg \cdot m/s^2$；p 为压力，$kg \cdot m/s^2$；ν 为流体运动黏滞系数。

3）HEC-GeoRAS 模块。

HEC-GeoRAS 是专为处理地理空间数据而设计的 ArcGIS 扩展，用于水文工程中心的河流分析系统（HEC-RAS）。这些工具使具有有限 GIS 经验的用户可以创建包含现有数字地形模型（DTM）和补充数据集的几何属性数据的 HEC-RAS 导入文件。水面剖面结果也可以被处理为可视化淹没深度和边界。

在 HEC-RAS 中执行水力计算之前，必须导入并完成几何数据并输入流量数据。一旦进行水力计算，HEC-RAS 的输出水面和流速结果可以使用 HEC-GeoRAS 导入到 GIS 进行空间分析。RAS 几何菜单用于预处理几何数据以导入 HEC-RAS。RAS 制图菜单用于后处理导出的 HEC-RAS 结果。

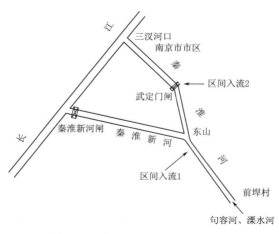

图 5.24　秦淮河流域水力学计算简图

（2）模型数据和建立。

1）模型基础数据。秦淮河流域日径流观测数据来源于秦淮新河闸和武定门闸流量站，日水位观测数据来源于东山水位站，数据年限为 1986—2006 年。流域现有实测断面共 44 处，其中前埠村到东山河段 11km 上有实测断面 13 处，东山到秦淮新河闸 15km 河段上有实测断面 15 处，东山到武定门闸 11km 的河段上有实测断面 8 处，武定门闸到三岔河口之间 12.5km 的河段上有实测断面 8 处。秦淮河流域水力学计算简图如图 5.24 所示。

2）模型建立。HEC－RAS水力学模型建立包括以下步骤：①新建工程；②输入几何数据；③输入稳定/非稳定流数据；④执行水力学计算；⑤查看结果。其中，HEC－RAS模型几何数据包括河系图、横断面数据以及接口数据，秦淮河中下游流域HEC－RAS水力学模型几何概化如图5.25所示。根据秦淮河前埠村以下的实测断面及堤防资料情况，构建秦淮河中下游流域HEC－RAS水力学模型。

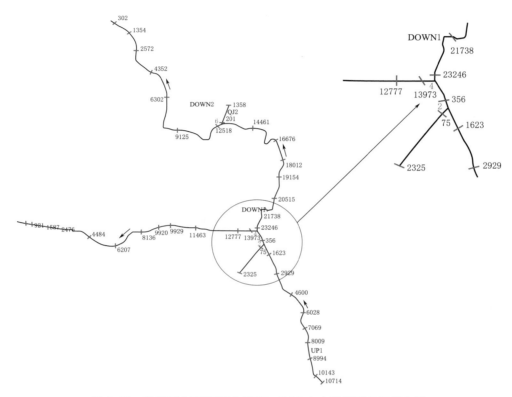

图5.25　秦淮河中下游流域HEC－RAS水力学模型几何概化图

进行秦淮河流域土地利用变化的暴雨洪水演进过程模拟最重要的一步，是稳定/非稳定流数据的输入，它涉及流量数据的编辑和边界条件的确定。在土地利用变化水文模拟分析的基础上，水力学模型输入上边界条件为相应断面水文模型中输出的流量过程。利用HEC－DSS数据库管理系统导入稳定/非稳定流数据，建立洪水过程和HEC－RAS水力学模型相关断面之间的联系，其对应关系见表5.15。计算过程不考虑长江潮位影响，以河道中洪水过程作为影响水位的单一变量，流域出口设置为自由出流，下边界条件设置为正常水深（出口河道坡度），分析土地利用变化下洪水水文过程变化对河道断面水位的影响。

表5.15　　　　　　　　　　水力学模型上边界条件的断面位置

河流名称	简　称	河段名称	断面名称/m	上边界条件（DSS数据库）
秦淮河上游段	QHH－UP	UP 1	10714	Reach6
		UP 2	669	Junction7

河流名称	简　称	河段名称	断面名称/m	上边界条件（DSS数据库）
秦淮河下游段	QHH-DOWN	DOWN1	23246	Reach7
		DOWN2	9125	Junction9
秦淮新河	QHXH	QHXH	13974	W1
区间入流1	QUJIANRULIU1	—	2325	W4
区间入流2	QUJIANRULIU2	—	1358	Reach12

3）基于LUCC的洪水水文过程变化。土地利用变化下洪水过程的水文模拟结果是驱动HEC-RAS模型的上边界条件，用于分析基于LUCC的洪水水文过程变化对洪水演进过程的影响，它包括不同土地利用变化情景下不同场次暴雨的洪水过程。

（3）水力学模型参数率定与验证。率定是对模型参数（如曼宁系数和水力结构系数）的调整，以便将观测数据重现为可接受的精度。本研究中，河道曼宁系数是用于校准水力模型的主要变量。河边植被、泥沙淤积和杂物等会导致糙率系数的增大，当河流中有更多的植被、泥沙和杂物淤积时，需要使用更高的河道曼宁系数来拟合观测水面过程。

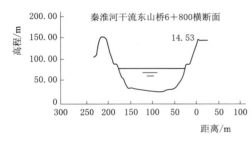

图5.26　东山断面实测横断面图

根据东山断面1987年、1991年以及2003年三个时期观测水位过程，通过计算水位误差绝对值以及相关性分析对模型在秦淮河流域的适用性进行评价。东山断面实测横断面图如图5.26所示，率定后模型参数曼宁系数见表5.16，率定期和验证期东山站日水位模拟过程与实测过程对比分别如图5.27、图5.28所示，相关性图分别如图5.29、图5.30所示。率定期水位误差绝对值的平均值为0.07m，相关系数为0.981，验证期

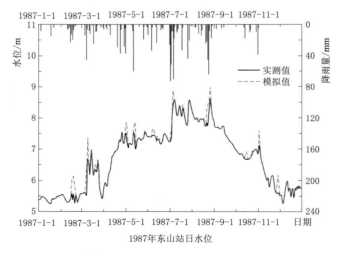

图5.27　率定期模拟水位过程与实测水位过程对比图

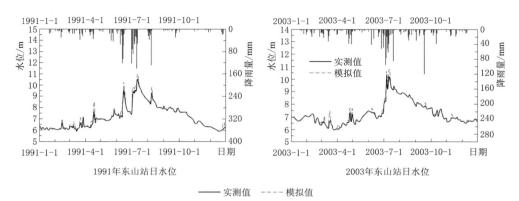

1991年东山站日水位   2003年东山站日水位

—— 实测值 ---- 模拟值

图 5.28 验证期模拟水位过程与实测水位过程对比图

1991 年及 2003 年水位误差绝对值平均分别为 0.09m、0.07m，相关系数分别为 0.979、0.977。综上可知，HEC－RAS 模型适用于秦淮河流域中下游地区洪水演进模拟与分析。

表 5.16   HEC－RAS 模型曼宁系数率定结果

河 段		曼宁系数
上游位置	下游位置	
前埠村	东山	0.023
东山	秦淮新河闸	0.035
东山	武定门闸	0.023
武定门闸	三汊河口	0.023

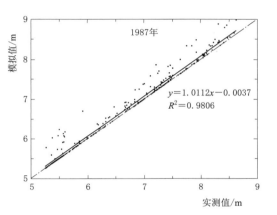

图 5.29 率定期东山站水位模拟值
与实测值相关性

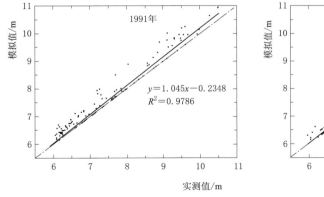

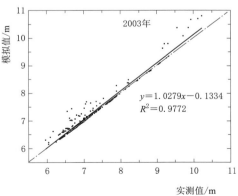

图 5.30 验证期东山站水位模拟值与实测值相关性

5.3.2 洪水演进过程响应分析

本节以土地利用变化的洪水水文模拟结果为基础，利用经过率定和验证的 HEC－RAS 模型分别模拟和预测 2010 年和 2028 年不同土地利用情景下的流域洪水演进过程，分析基于土地利用变化的洪水水文过程变化对洪水演进过程的影响。

（1）基于情景假设法的洪水水位变化。本节以情景假设法下 HEC－HMS 模型模拟的流量过程为上边界条件，并根据实际情况确定下边界等条件，利用 HEC－RAS 模型模拟并分析洪水水位的变化规律。

对应城镇用地比例增长 30％、40％、50％，不同规模洪水水位模拟结果见表 5.17，东山站最高洪水位和平均洪水位相对变化如图 5.31 所示。

表 5.17　　　　　　城镇用地比例增长 30％、40％、50％的洪水水位模拟结果

情景	特征值	小规模（序号：19890803）		中规模（序号：19870701）		大规模（序号：19910630）	
		模拟值/m	相对变化/%	模拟值/m	相对变化/%	模拟值/m	相对变化/%
2010	平均水位/m	7.48	—	7.62	—	8.00	—
	最高水位/m	11.08	—	11.43	—	13.94	—
30%	平均水位/m	7.55	0.94	7.65	0.39	8.03	0.38
	最高水位/m	11.23	1.35	11.50	0.61	13.96	0.14
40%	平均水位/m	7.57	1.20	7.66	0.52	8.04	0.50
	最高水位/m	11.25	1.53	11.53	0.87	13.97	0.21
50%	平均水位/m	7.60	1.60	7.67	0.65	8.05	0.63
	最高水位/m	11.33	2.26	11.56	1.14	13.97	0.22

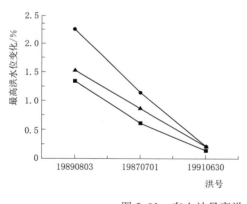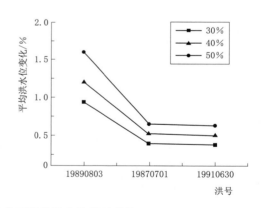

图 5.31　东山站最高洪水位和平均洪水位相对变化

由表 5.17 以及图 5.31 可知，对应城镇用地比例增长 30％、40％、50％，不同规模洪水东山站水位模拟最高洪水位、平均洪水位均有不同程度的增加，以城镇用地比例增长为 40％的情景为例，小、中、大规模三场洪水平均水位和最高水位变化分别为 1.20％、0.52％、0.50％，和 1.53％、0.87％、0.21％；不同城镇用地比例变化情景下，对于不同规模洪水，洪水平均水位和最高水位均具有以下规律，即洪水规模越小，洪水平均水位和

80

最高水位变化越明显；随着流域城镇用地比例的增长，洪水平均水位和最高水位呈现一致增大趋势，以19890803次洪水的平均水位为例，对应流域城镇用地比例增长30％、40％、50％情景下，平均水位分别相应增大1.35％、1.53％、2.26％；除19910630次大规模洪水，不同城镇用地比例增长情景的小、中规模洪水最高水位变化程度均大于平均水位变化程度。

（2）基于模型模拟法的洪水水位变化。以模型模拟法下HEC-HMS模型模拟的流量过程为上边界条件，并根据实际情况确定下边界等条件，利用HEC-RAS模型模拟分析洪水水位变化规律。

三种情景分别为自然发展模式、可持续发展模式（包括林地限制模式和水田限制模式）、快速城市化发展模式，分析其相应不同规模的洪水水位变化规律。情景1、情景2a、情景2b、情景3东山站洪水平均水位模拟结果对比见表5.18，东山站平均洪水位变化如图5.32所示。

表5.18　　　　　　　　　　不同情景的东山站洪水平均水位模拟结果对比

情景	特征值	小规模（序号：19890803）		中规模（序号：19870701）		大规模（序号：19910630）	
		模拟值	相对变化/％	模拟值	相对变化/％	模拟值	相对变化/％
2010	平均水位/m	7.48	—	7.62	—	8.00	—
	最高水位/m	11.08	—	11.43	—	13.94	—
情景1	平均水位/m	7.53	0.66	7.64	0.26	8.02	0.25
	最高水位/m	11.19	0.99	11.47	0.35	13.96	0.14
情景2a	平均水位/m	7.50	0.27	7.64	0.26	8.01	0.13
	最高水位/m	11.13	0.45	11.48	0.44	13.96	0.14
情景2b	平均水位/m	7.64	0.53	7.52	0.26	8.02	0.25
	最高水位/m	11.17	0.81	11.47	0.35	13.95	0.07
情景3	平均水位/m	7.67	2.54	7.70	1.05	8.08	1.00
	最高水位/m	11.49	3.70	11.62	1.66	14.01	0.50

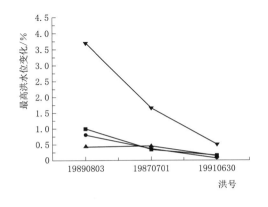
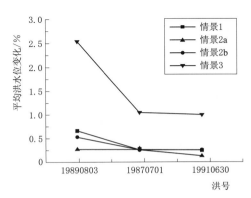

图5.32　东山站最高洪水位和平均洪水位相对变化

根据洪水演进模拟结果表 5.18，对于不同情景的洪水水位变化，均表现为洪水规模越小，洪水水位变化程度越大，以情景 2a 为例，大、中、小规模暴雨洪水平均洪水水位和最高洪水水位分别为 0.13% 和 0.14%、0.26% 和 0.44%、0.27% 和 0.45%；洪水水位变化与土地利用发展模式的城镇化发展水平一致，其中平均洪水水位变化以情景 3 最高，然后是情景 1，其次为情景 2b 和 2a，以 19890803 次洪水为例，情景 1、情景 2b 和 2a 以及情景 3 的平均洪水水位分别为 0.66%、0.53%、0.27%、2.54%；不同情景的最高洪水水位变化规律不明显，但大致变化趋势与平均洪水水位变化一致。洪水水位变化规律与洪水洪峰和洪量变化基本表现出一致的结论，洪水规模越小，洪水响应（包括洪水水位、洪峰、洪量）越强；不同情景的洪水响应以快速城市化发展模式情景最高，然后是自然发展情景，其次为水田限制和林地限制情景。

5.3.3 土地利用变化下的洪水特征分析

本节在之前土地利用变化水文和水力学模拟分析的基础上，分别基于情景假设和模型模拟方法进一步探讨土地利用变化与暴雨洪水特征之间的关系，研究不同情景的洪水响应强度差异，并提出相应的土地利用管理措施。

（1）基于情景假设法的洪水特征分析。基于情景假设方法，对 2010 年和城镇用地比例分别增加 30%、40% 以及 50% 情景的土地利用类型结果进行统计，各土地利用类型面积统计如图 5.33 所示。在情景假设中，以 2010 年为基础，控制土地利用总面积不变，在保证城镇用地比例增长的前提下，其他土地利用面积按比例调整减少。由图 5.33 可以看出，城镇用地按比例稳定增加，旱地、水田等其他土地利用类型按比例缩减。

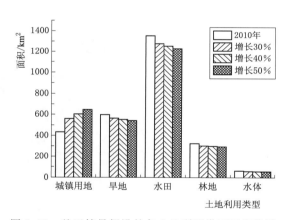

图 5.33　基于情景假设的各土地利用类型面积统计

根据土地利用变化的水文与水力学模型模拟结果，洪峰、洪量以及洪水位（洪峰水位）相对变化如图 5.34 所示。由图 5.34 可知，在假设中认为其他土地利用类型随着城镇用地增长按比例调减，基于情景假设的土地利用变化的洪水响应与土地利用变化中城镇用地变化一致，即随着城镇用地比例的增加，洪水过程的洪峰、洪量以及洪水均有不同程度的增加。

（2）基于模型模拟法的洪水特征分析。基于模型模拟的土地利用类型面积统计分析，以秦淮河流域土地利用模拟为基础，土地利用类型包括自然发展模式、可持续发展模式（林地限制模式和水田限制模式）、快速城市化发展模式，各土地利用类型面积统计如图 5.35 所示。

在模型模拟中，研究以 2010 年为基期，基于 CA - Markov 模型预测 2028 年三种模式（包含四种情景）的土地利用变化情况，区别于情景假设法，该方法模拟下四种情景的土

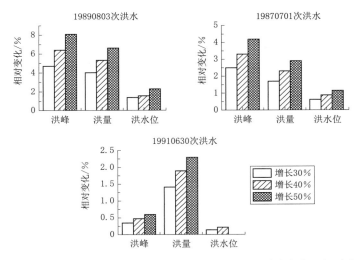

图 5.34 基于情景假设的洪峰、洪量以及洪水位（洪峰水位）相对变化

地利用变化表现为情景差异，没有表现出成比例的线性变化，体现出具有时空模拟机制的特别性，反映了流域土地利用变化在时空变化的不均匀性。

根据图 5.35 可知，不同情景的土地利用类型在面积变化上具有以下规律：与模拟基期 2010 年相比，城镇用地面积呈现不同程度的增加，且情景设置中城镇用地越不施加控制，城镇面积增长越快，表现为快速城市化模式的城镇用地面积最高，其次是自然发展模式，最后是可持续发展模式。不同情景下的其他土地利用类型变化以流域内面积占比较大的旱地和水田变化较为明显，四种情景的平均变化比例约 10%，而林地和水体由于面积较少，变化也不明显。

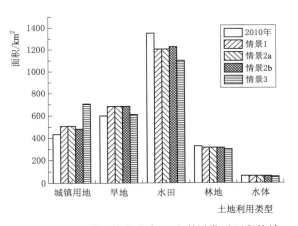

图 5.35 基于模型模拟的各土地利用类型面积统计

基于土地利用变化模拟的流域暴雨洪水洪峰、洪量以及洪水位的相对变化如图 5.36 所示。由图 5.36 所知，城镇用地增多所导致的洪水响应也是主要的，即洪峰、洪量和洪水位一致性增大，以情景 3（快速城市化情景）最为突出，19890803、19870701、19910630 次洪水模拟结果相对其他情景均有显著提高。与情景 1（自然发展模式）相比，情景 2a（林地限制模式）模式下，林地略有增多，水田和旱地均略有减少，而除 19870701 次洪水东山站洪水位受子流域洪水响应强度影响外，土地利用变化的洪水响应均相应降低，可见林地增长具有一定减缓洪水响应强度的能力。与情景 1 相比，情景 2b（水田限制模式）城镇用地面积减少，而水田面积增多，而其洪水响应强度均有不同强度的降低，可见反映耕地保护政策的水田保护模式也同样具有减缓洪水响应强度的作用。究其原因，城镇用地的增

83

多，增加了流域下垫面的不透水率，使流域产流增加，洪水洪峰和洪量均有不同程度的增大。

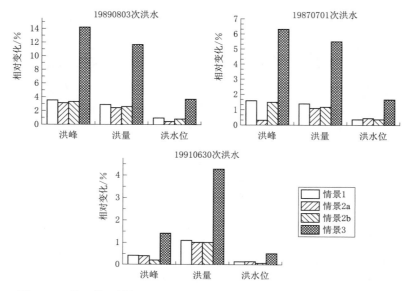

图 5.36　基于模型模拟的洪峰、洪量以及洪水位（洪峰水位）相对变化

（3）对应措施。综合以上分析研究，在城市化发展迅速的秦淮河流域，暴雨洪水响应与土地利用方式有着密不可分的关系。实施科学的土地利用管理政策，合理使用土地，能够有效地增强流域水资源保护和利用的水平，提高流域的防洪能力。因此，基于土地利用变化暴雨洪水响应分析，为促进秦淮河土地利用结构优化，提出以下土地利用管理对策：

1）提高土地利用整体规划及其有关规划的制定的水平。制定规划时，把现场考察与科学分析结合起来，实现社会经济发展、土地利用以及生态保护等多种规划的融合。广泛地收集社会规划建议，想方设法从各个方面完善规划之前的宣传工作。规划应建立在长远和可持续发展的理念上，按照目标和功能要求把土地空间结构以及布局合理确定出来。为了保证规划管理机制的连贯性，要建设统一的体系标准以及信息共享平台。

2）加大林地、草地、耕地系统保护和建设。通过建立土地资源重点监控平台，即时监测不同土地类型的变化。贯彻江苏省生态保护红线、永久基本农田和城市开发边界"三线"确定结果，严格按照规划保证耕地面积。在靠近道路、城镇、村庄的显著地方增加设置永久保护标志牌，且未经过允许，不得私自变更、修改或破坏其用途。提高流域内水源涵养区、生态保护区、湿地等重要生态功能区建设的水平，确保生态用地只增不减。

3）推进海绵城市低影响开发建设。根据江苏省海绵城市建设指导意见，在城镇开发建设过程中，统筹城市总体规划与海绵城市建设方案，积极推广采用绿色屋顶、透水铺装等低影响开发技术系统应用，坚持非工程措施为主，工程措施为辅，因地制宜地发挥绿地、园林以及各种设施的蓄水及滞水作用，通过雨水吸纳率等主要技术指标控制，严格保证海绵城市建设项目规划管理手段的落实，从而避免城市地区地表不透水性的迅速改变，维护区域良好的水分循环。

5.4 小结

本章首先在流域土地利用变化分析的基础上，采用 CA – Markov 模型预测秦淮河流域土地利用变化；其次构建秦淮河流域 HEC – HMS 模型，对土地利用变化的暴雨洪水响应进行研究；最后构建秦淮河流域 HEC – RAS 洪水演进模型，结合不同量级且具有不同洪水过程线的暴雨事件，研究基于 LUCC 的洪水水文过程变化条件下洪水演进过程的响应规律。主要研究成果如下：

（1）按照数据格式转化、元胞组成设置、Markov 转移矩阵生成、土地利用转变适宜性图集创建、模拟次数设置等步骤，构建 CA – Markov 模拟模型，以 2010 年为验证期采用 Kappa 系数验证模拟精度。并分别在自然发展模式、可持续发展模式以及快速城市化发展模式下对秦淮河流域 2028 年土地利用变化进行预测，获得相应情景下土地利用分布。

（2）采用情景假设法，假设城市化背景下城镇用地面积比例增长 30％、40％、50％，适当确定 CN 值和不透水率等参数，采用 HEC – HMS 水文模型研究分析不同规模暴雨洪水的水文响应规律。研究发现城镇用地比例增加 30％、40％、50％，洪峰和洪量均呈现一致性增加趋势，不同城镇用地增长比例的洪峰和洪量变化具有同样的规律，即洪水规模越小，洪峰和洪量变化越明显；不同规模的暴雨洪水，随着城镇用地比例增加，洪峰和洪量均呈现一致性增加。

（3）采用模型模拟法，以土地利用现状和 CA – Markov 模型土地利用预测结果为基础，利用模拟的土地利用确定水文模型相关参数，如 CN 值和不透水率等，并采用 HEC – HMS 水文模型研究分析不同规模暴雨洪水的水文响应规律。研究发现 3 种情景下 2028 年洪水的洪峰和洪量，相对于 2010 年均有不同程度的增大。对于不同规模的洪水，洪峰、洪量变化程度不一致，其中情景 3 增长程度最大，其次是情景 1，然后是情景 2b 和情景 2a，反映了快速城市化的以不透水率增长为主要特征的土地利用变化的洪水响应。

（4）在子流域尺度上，土地利用变化的洪水响应存在地区差异。在城镇用地变化比例较大的地区，洪峰和洪量呈现一致的增加趋势，但增大程度并不完全一致，这也体现出子流域尺度上的空间异质性。

（5）对应城镇用地比例增长 30％、40％、50％，基于 LUCC 的洪水水文过程变化，分析不同规模洪水演进过程的响应规律；根据水力学模型洪水演进模拟结果，基于 LUCC 的洪水水文过程变化，分析不同情景下洪水演进过程的响应规律。研究表明对应不透水率增长 30％、40％、50％，不同规模洪水东山站水位模拟最高洪水位、平均洪水位均有不同程度的增加；不同透水率变化情景下，对于不同规模洪水，洪水平均水位和最高水位均具有以下规律，即洪水规模越小，洪水平均水位和最高水位变化越明显；随着流域不透水率的增长，洪水平均水位和最高水位均呈现一致增大趋势。

（6）根据水力学模型洪水演进模拟结果，对于不同情景的洪水水位变化，均表现为洪水规模越小，洪水水位变化程度越大；洪水水位变化与土地利用发展模式的城镇化发展水平一致，其中平均洪水水位变化以情景 3 最高，然后是情景 1，其次为情景 2b 和情景 2a；不同情景的最高洪水水位变化规律不明显，但大致变化趋势与平均洪水水位变化一致。

（7）基于不同情景的土地利用变化的洪水响应强度差异，提出相应的土地管理措施。如采取限制流域内水田、林地等其他土地利用类型向城镇用地的转化措施，适当控制城镇用地规模，具有一定削减洪峰和洪量的效果，同时降低河道的洪水水位，在可持续发展的背景下，控制耕地过快减少，促进林地稳步增长对流域防洪减灾具有积极作用。

第6章

秦淮河流域圩垸式防洪条件下的暴雨洪水响应

6.1 HEC-HMS 模型构建

6.1.1 水文气象数据库建立

本研究选取秦淮河流域内 5 个雨量站、1 个水文站、2 个闸门控制站 1987—2006 年间的 10 场洪水观测资料进行模拟研究，选用其中的 5 场洪水率定参数，选用其中 4 场洪水验证模型。洪水场次的选择以包含丰、平、枯等洪水类型为原则。模拟时步长设为 1 天。将这 9 场洪水期间各雨量站的雨量时间序列数据及同期观测的流量数据输入可视化数据存储系统 HEC-DSSVue 中，利用其数学函数功能将不规则时间序列数据进行时间插值，得到每场降雨 1 天累积雨量和观测流量数据序列，以供 HEC-HMS 水文模型中的时间序列数据库（Time-series Data）调用。

本次模拟流域划分为 19 个子流域，在运行模型前，需要计算每个子流域的降雨量。HEC-HMS 水文模型中的气象模式提供了 7 种处理降雨空间插值的方法，本次选用泰森多边形法对实测的降雨数据进行内插，最终得到每个子流域形心处的降雨量。秦淮河流域雨量站泰森多边形和模型结构图见第 5 章图 5.11。

6.1.2 流域自然特征提取

（1）研究区 DEM 数据。根据秦淮河流域地理位置，在中国科学院计算机网络信息中心地理空间数据云平台上下载中央经线为东经 118.5°～121.5°，中央纬线为北纬 28.5°～31.5°的 90m 分辨率数字高程数据；设置地图投影坐标系统，下载的数据为 WGS-84 坐标系，为方便后面数据统一计算，将其转为平面坐标系 WGS-UTM-50N 坐标，单位为 m；根据流域范围，将秦淮河流域的数字高程模型从大图幅中裁剪出来，即可为 HEC-GeoHMS 模块提供基础数据。裁剪出来的区域如图 6.1 所示。

（2）水系数据。秦淮河水系位于南京市区的上游，长江的下游，呈蒲扇形分布。它的支流众多，其中两条主要支流分别为溧水河和句容河。在 1:50000 地形图上秦淮河流域内共有支流 724 条，秦淮河流域水系如图 6.2 所示。

（3）气象水文数据。气象数据包括秦淮河流域 1986—2006 年 21 年间的逐日降雨、气温和太阳辐射数据。水文数据是秦淮河流域出水口的逐日径流数据。其中降雨数据是流域内赵村水库、武定门闸等 8 个站点的日降雨数据，站点的坐标信息见表 6.1。

图6.1 秦淮河流域 DEM

图6.2 秦淮河流域水系

表6.1 秦淮河流域雨量、水文站点坐标信息

站点名称	经度/(°)	纬度/(°)	站点名称	经度/(°)	纬度/(°)
赵村水库	118.8000	31.7167	其林	118.9667	32.0500
东山（大骆村）	118.8500	31.9500	天生桥闸	118.9833	31.6333
武定门闸	118.8500	32.0333	句容	119.2000	31.9500
前埠村	118.9000	31.8667	秦淮新河闸	118.6667	31.9667

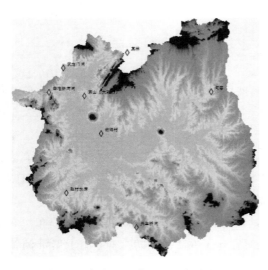

图6.3 秦淮河流域雨量站点分布图

径流量数据为流域内秦淮新河闸和武定门闸两个站点的日径流量数据，雨量站点分布如图6.3所示。

（4）土地利用数据。本次研究使用的土地利用资料来源于地理数据空间云网站中欧空局全球陆地覆盖数据（ESA Glob-Cover）分辨率为300m的最新LUCC数据。下载的土地栅格数据经过掩膜处理和坐标系投影转换后，可直接用于GIS处理提取数据。根据对秦淮河流域土地利用网格数据的统计，秦淮河流域土地利用主要以水田为主，占整个流域面积的62.38%，其次为旱地，占流域面积的23.29%，再次是城镇用地、灌木林和草地分别占流域面积的5.61%、3.4%、2.63%，各种土地利用类型面积及其面积百分比见表6.2。

表 6.2 秦淮河流域土地利用类型面积及其面积百分比

土地分类	面积/m²	面积比/%	土地分类	面积/m²	面积比/%
水田	1549945984	62.38	草地	65308599	2.63
旱地	578627480	23.29	水体	52800912	2.12
林地	11500357	0.46	城镇用地	139515280	5.61
灌木林	84531824	3.40	未利用地	2602271	0.10

（5）土壤资源类型。秦淮河流域土壤数据来源于中国土壤数据库（http：// www.soil.csdb.cn），由数据库中数据集导航进入中国土种数据库，然后按南京、句容、溧水等地点进行查询即可得到秦淮河流域土壤信息。秦淮河流域土种信息详见表6.3。

表 6.3 秦淮河流域土种信息

亚 类	土种名称	层次代码	层次厚度	有机质/%	全氮/%
中性紫色土	红紫土	A	18	1.12	0.07
	红紫土	C1	27	0.50	0.05
	红紫土	C2	55	0.62	0.06
酸性粗骨土	黄石土	A	16	3.42	0.12
	黄石土	AC	21	0.63	0.03
	黄石土	C	40	0.36	0.02
潴育水稻土	马肝土	W2	26	0.66	0.05
	马肝土	Aa	15	2.08	0.14
	马肝土	W1	24	0.58	0.05
	马肝土	P	25	0.58	0.05
	马肝土	Ap	10	1.67	0.13
潜育水稻土	青泥条	Aa	12	1.92	0.12
	青泥条	Ap	11	1.37	0.09
	青泥条	G	39	0.57	0.05
	青泥条	IIG	38	0.45	0.04

6.1.3 模型率定与验证

本研究模型主要需要确定的参数有 CN 值、流域滞时及马斯京根模型中的两个参数：蓄量常数 K 及流量比重 X。CN 值、流域滞时根据流域土地利用情况、河道情况等计算得出。需要率定的参数主要为马斯京根模型中的参数 K、X。本研究采用手工方法对上述参数进行率定。

通过计算模拟与实测洪量的相对误差（Rev）、洪峰流量的相对误差（Rep）及相关系数 R^2、峰现时差（ΔT）及 Nash 效率系数（DC），来综合评价模型模拟的精度。Nash 系数用于反映模型的整体效率，Nash 系数大于 0.8 时说明模拟结果较好。相关系数用于反映模拟结果与实测数据的变化趋势是否一致，相关系数大于 0.8 时说明模拟结果较好。洪量误差及洪峰误差在 20% 以内认为模拟结果较好。

根据秦淮河流域 8 场典型洪水进行模型的率定与验证，其中 3 场用于率定，5 场用于验证。率定后无圩垸模型参数见表 6.4，率定与验证统计结果见表 6.5。

表 6.4　　　　　　　　　　　秦淮河流域无圩垸模型参数

子流域编号	CN 值	流域滞时/min	蓄量常数/h	X
1	76	2531	4.34	0.3
2	80	2531	4.02	0.3
3	76	2531	0.91	0.3
4	77	2531	4.79	0.3
5	78	2625	3.39	0.3
6	75	2625	1.71	0.3
7	77	2813	1.71	0.3
8	78	2625	2.85	0.3
9	78	2813	1.60	0.3
10	80	2813	5.68	0.3
11	80	3000	0.86	0.3
12	79	3000	2.60	0.3
13	80	3000	4	0.3
14	81	3000	2.17	0.3
15	79	3000	2.17	0.3
16	79	3000	0.91	0.3
17	79	3000	3.88	0.3
18	76	2625	2.99	0.3
19	80	3000	3.63	0.3

表 6.5　　　　　　　HEC－HMS 模型模拟 8 场洪水的评价指标结果

率定期或验证期	洪　号	洪量相对误差/%	洪峰相对误差/%	峰现滞时/d	Nash 系数	相关系数
率定期	19870701	19.43	2.05	1	0.871	0.960
	19890803	22.94	7.03	0	0.900	0.970
	19990622	1.49	−2.05	1	0.908	0.950
均　值		14.62	2.34		0.890	0.960

率定期或验证期	洪 号	洪量相对误差/%	洪峰相对误差/%	峰现滞时/d	Nash系数	相关系数
验证期	19870815	15.24	13.62	0	0.837	0.960
	19910630	−6.51	16.00	1	0.892	0.970
	19960626	14.26	−5.56	0	0.813	0.920
	20020619	−1.36	−6.99	1	0.959	0.980
	20030626	22.86	15.00	1	0.870	0.980
均 值		8.90	6.42		0.870	0.960

根据表 6.5 可知,率定期 3 场洪水的洪量及洪峰相对误差均在 20% 以内,Nash 系数及相关系数均大于 0.8。19890803 洪水洪量相对误差略大于 20%,但超出部分在 5% 以内且其余评价指标结果均很好,故认为满足要求。3 场洪水的洪量相对误差均值为 14.62%,洪峰相对误差均值为 2.34%,Nash 系数均值为 0.890,相关系数均值为 0.960。将率定后的参数用于另外 5 场洪水的验证,验证期 5 场洪水模拟和实测流量过程线如图 6.4 所示。根据图 6.4 可知,秦淮河流域出口断面模拟的洪水过程线与实测过程线吻合较好。验证期 5 场洪水的洪量及洪峰相对误差均在 20% 以内,Nash 系数及相关系数均大于 0.8。20030624 次洪水洪量相对误差略大于 20%,但超出部分在 5% 以内且其余评价指标结果均很好,故认为满足要求。5 场洪水的洪量相对误差均值为 8.90%,洪峰相对误差均值为 6.42%,Nash 系数均值为 0.870,相关系数均值为 0.960。验证期 5 场洪水的模拟效果均较为准确。以上结果表明,HEC – HMS 分布式水文模型适用于秦淮河流域的洪水模拟。

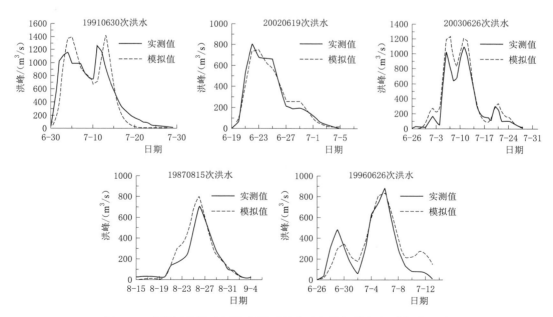

图 6.4　秦淮河流域验证期次降雨径流过程模拟值与实测值对比图

6.2 农村圩垸式防洪模式对流域洪水的影响分析

本节根据秦淮河流域实际农村圩垸分布，划分出 7 块联并后的大圩垸，圩垸分布如图 6.5 所示，主要位于秦淮河流域中下游地区，总集水面积为 281km²，未包含句容、溧水及南京主城区，圩垸内部的土地利用以旱地、城镇用地、水田等为主。

图 6.5　秦淮河流域农村圩垸分布

在研究圩垸不同组合对暴雨洪水的影响时，将图 6.5 中秦淮河流域 7 块圩垸合并为 3 部分，圩 1、圩 2、圩 3 组成武定门圩，面积为 77.1km²；圩 4、圩 5 组成东山圩，面积为 99.1km²；圩 6、圩 7 组成前埠村圩，面积为 110.4km²。分别建立仅有武定门圩、东山圩和前埠村圩的秦淮河流域水文模型，模型中水位变幅均设置为 0.4m，排涝模数均设置为 4m³/(s·km²)。三部分圩垸面积不同，对应圩垸内部的存蓄水面积也不同，为分析圩垸不同组合分布对流域洪水的影响，模型中将三部分圩垸内部的存蓄水面积人为设置为相同值。

本研究为了揭示农村圩垸式防洪不同组合模式下对秦淮河流域洪水的影响，利用已经率定好的流域有、无圩垸 HEC - HMS 模型，选取具有不同大小洪水过程的暴雨事件，即 19890803（小规模）、19870701（中等规模）、19910630（大规模）三次暴雨洪水事件进行模拟分析。

6.2.1　有无农村圩垸的模拟预测

模拟分析主要研究秦淮河流域建设用地比例为 20％的情景下，农村圩垸式防洪模式对流域洪水的影响。

秦淮河流域有、无农村圩垸洪水模拟结果如表 6.6 及图 6.6 所示。根据洪量、洪峰模拟结果对比，对于不同洪水，有圩垸工况下的洪量、洪峰均小于无圩垸工况下的洪量、洪峰。有圩垸工况较无圩垸工况洪量削减均超过 7％，洪峰削减均超过 10％。三场洪水的洪量削减均值为 8.78％，洪峰削减均值为 12.04％，故秦淮河流域圩垸式防洪模式较无圩垸防洪模式，有效地削减洪水的洪量及洪峰，对防洪起到了积极影响。

表 6.6　　　　秦淮河流域有、无农村圩垸洪水模拟结果对比

洪　号	洪　量/mm		洪量相对变化/%	洪　峰/(m³/s)		洪峰相对变化/%
	有圩垸	无圩垸		有圩垸	无圩垸	
19890803	124	137	9.49	715	818	12.52
19870701	282	313	9.90	761	855	11.05

洪 号	洪 量/mm		洪量相对变化/%	洪 峰/(m³/s)		洪峰相对变化/%
	有圩垸	无圩垸		有圩垸	无圩垸	
19910630	468	503	6.96	1218	1393	12.54
均值			8.78			12.04

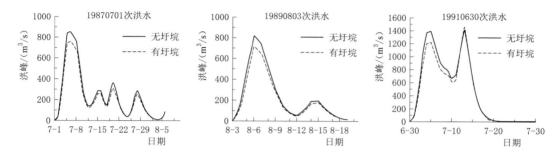

图 6.6　秦淮河流域有、无圩垸 HEC－HMS 模型模拟结果对比图

有、无农村圩垸不同规模洪水模拟结果见表 6.7，洪量相对变化趋势图如图 6.7（按洪量从小到大排序）所示。根据表 6.7、图 6.7 可知，随着洪水规模增大（洪量增大），有农村圩垸的洪量相对变化百分比呈减小趋势。洪水规模大小不同，圩垸对洪水洪量的影响程度也不同，洪水规模越小，圩垸对洪量的影响越显著。例如，规模最大的 19910630 次洪水洪量相对变化为 6.96％，规模中等的 19870701 次洪水洪量相对变化为 7.35％，规模最小的 19890803 次洪水洪量相对变化为 10.95％。

表 6.7　　　　　　　　　　有、无农村圩垸不同规模洪水模拟结果

洪 号	洪 量/mm		相对变化/%
	有圩垸	无圩垸	
19890803	122	137	10.95
19870815	140	151	9.27
20020619	148	163	9.20
19960626	182	200	9.00
19870701	282	313	7.35
20030626	407	445	8.54
19910630	468	503	6.96

究其原因，农村圩垸的城市化水平较低，土地不透水率高，且其内部的水田、河沟、塘坝等有一定的蓄水能力。固定的蓄水容量作用下，随着洪水规模增大，对应的洪量增大，圩垸存蓄水量的百分比呈线性减小趋势。洪水规模越小，圩垸对洪量的影响越显著。

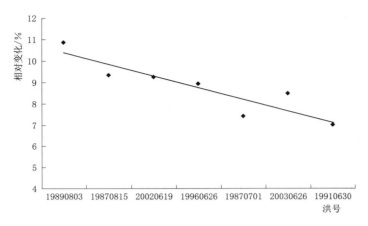

图 6.7　洪量相对变化趋势图

6.2.2　不同农村圩垸组合模式下的模拟预测

模拟分析主要研究秦淮河流域建设用地比例为 20% 的情景下，农村圩垸式防洪模式对流域洪水的影响。

三次暴雨洪水事件在三种圩垸分布下的模拟结果相较于无圩垸的模拟结果，洪量及洪峰的削减百分比见表 6.8。根据表 6.8 可知，三种圩垸分布下，圩垸对不同规模洪水的洪量削减均值均在 3% 附近浮动，最大偏差不超过 1%。圩垸的组合分布不同，圩垸对流域洪水的洪量削减能力基本相同。

表 6.8　　　　　三种圩垸分布相较于无圩垸的秦淮河流域水文模型模拟结果　　　　　%

洪　号	洪量削减百分比			洪峰削减百分比		
	武定门圩	东山圩	前埠村圩	武定门圩	东山圩	前埠村圩
19890803	3.30	2.57	4.21	3.21	4.56	4.97
19870701	2.81	3.61	4.09	2.21	5.24	5.27
19910630	1.96	1.31	2.11	2.90	5.49	5.78
均值	2.69	2.50	3.47	2.78	5.10	5.33

三次暴雨洪水事件在三种圩垸分布下相较于无圩垸的模型模拟洪水过程的流量差值曲线如图 6.8 所示。根据图 6.8 可以直观地看出圩垸不同分布对洪水过程流量的削减均集中分布在前期，东山圩、前埠村圩在洪水过程前期对流量的削减程度相近，均超过武定门圩对流量过程的削减程度。根据表 6.8 可知，武定门圩、东山圩、前埠村圩对不同规模洪水的洪峰削减均值分别为 2.78%、5.10%、5.33%。东山圩、前埠村圩对洪峰的削减百分比均超过武定门圩的 2% 以上。圩垸分布在流域出口对洪水的洪峰及洪水过程的流量削减程度低于流域中上游圩垸的作用效果。

武定门圩的位置靠近秦淮河流域出口，东山圩及前埠村圩相较于武定门圩靠近流域中上游。圩垸分布在流域不同位置对秦淮河流域洪水的洪量影响程度基本相同。圩垸分布越靠近流域出口对洪水的洪峰及洪水过程流量的影响程度越弱，越靠近上游影响越显著。

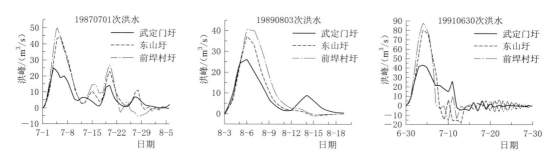

图 6.8　三种圩垸分布相较于无圩垸的模型模拟洪水过程的流量差值曲线

6.2.3　农村圩垸式防洪模式的预测分析

流域径流通常是下垫面土地利用情况和气候条件共同作用的结果，为了进一步分析土地利用变化特别是城市化对研究区农村圩垸式防洪模式水文过程的影响，本节在 19890803（小规模）、19870701（中等规模）、19910630（大规模）三次暴雨洪水事件气象数据不变的前提下，分别在流域建设用地比例分别为 20%（当前城市化水平）、30%、40%、50% 四种情景下，对研究区的水文效应进行预测分析。

秦淮河流域农村圩垸防洪模式下三次暴雨洪水事件分别在四种建设用地比例情景下的洪量、洪峰模拟结果及 30%、40%、50% 四种情景下相较于当前城市化水平（建设用地比例为 20%）的洪量、洪峰的相对变化见表 6.9。洪量、洪峰相对变化如图 6.9 所示。

表 6.9　　　　　秦淮河流域农村圩垸防洪模式下的城市化情景模拟结果

洪　号	建设用地比例	洪　量		洪　峰	
		模拟值/mm	相对变化/%	模拟值/(m³/s)	相对变化/%
19890803	20%	124		715	
	30%	130	4.50	729	1.97
	40%	135	9.00	765	6.98
	50%	141	13.50	801	11.99
19870701	20%	282		761	
	30%	285	1.26	770	1.18
	40%	292	3.52	804	5.67
	50%	298	5.77	849	11.50
19910630	20%	468		1218	
	30%	475	1.41	1243	2.01
	40%	482	2.88	1274	4.57
	50%	488	4.29	1313	7.79

根据表 6.9、图 6.9 可知，秦淮河流域农村圩垸式防洪模式布局下，对不同规模洪水，

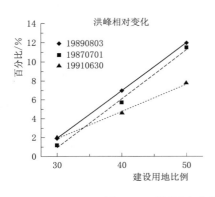
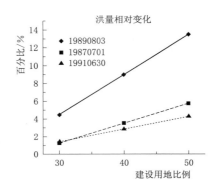

图 6.9　不同城市化情景洪量、洪峰相对变化

随着流域建设用地比例逐渐增大，流域洪量、洪峰相较于当前城市化水平（建设用地比例为 20％的情景）均逐渐增大，且呈线性趋势，即流域洪量、洪峰与城市化水平呈正相关。以 19890803 次洪水为例，流域建设用地比例分别为 30％、40％、50％三种情景下相较于 20％情景下的洪量增大百分比分别为 4.5％、9％、13.5％，洪峰增大百分比分别为 1.97％、6.98％、11.99％，均逐渐增大。

秦淮河流域有、无农村圩垸防洪模式下三次暴雨洪水事件分别在四种建设用地比例情景下的模拟结果见表 6.10，有无圩垸的洪量、洪峰相对变化如图 6.10 所示。

表 6.10　　　　　　　秦淮河流域有、无农村圩垸的城市化情景模拟结果

洪号	建设用地比例	洪　量			洪　峰		
		无圩垸/mm	有圩垸/mm	相对变化/％	无圩垸/(m³/s)	有圩垸/(m³/s)	相对变化/％
19890803	20％	137	124	9.34	818	715	12.59
	30％	147	130	11.59	840	729	13.20
	40％	153	135	11.46	882	765	13.28
	50％	159	141	11.48	925	801	13.44
19870701	20％	313	282	10.00	855	761	10.99
	30％	324	285	11.99	882	770	12.72
	40％	331	292	12.03	921	804	12.67
	50％	339	298	12.00	962	849	11.79
19910630	20％	503	468	6.93	1393	1218	12.56
	30％	515	475	7.79	1420	1243	12.51
	40％	522	482	7.78	1461	1274	12.84
	50％	530	488	7.86	1506	1313	12.80

根据上述分析，随着建设用地比例的增大，流域洪水的洪量、洪峰均增大。根据 6.2.1 节，秦淮河流域农村圩垸式防洪模式较无圩垸防洪模式，削减了圩外河道洪水的洪量及洪峰，对流域防洪起到了积极影响。根据表 6.10、图 6.10 可知，随着建设用地比例

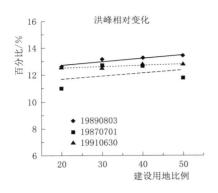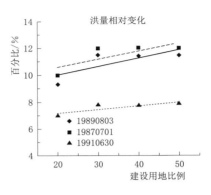

图 6.10　不同城市化情景下有、无农村圩垸洪量、洪峰相对变化

的增大，有、无农村圩垸防洪模式下的洪量及洪峰的相对变化基本保持不变，即随着建设用地比例的增大，农村圩垸式防洪模式对流域洪水的洪量及洪峰的削减程度基本保持不变。以 19890803 次洪水为例，流域建设用地比例分别为 20％、30％、40％、50％四种情景下有、无圩垸的洪量相对变化分别为 9.34％、11.59％、11.46％、11.48％，洪峰相对变化分别为 12.59％、13.20％、13.28％、13.44％，均基本保持不变。

6.3　城市群圩垸式防洪模式对流域洪水的影响分析

　　本节以秦淮河流域为依托，假定四块城市圈——句容城市圈、溧水城市圈、前埠村城市圈、东山城市圈。城市圈圩垸分布如图 6.11 所示。圩垸内部的土地利用以城镇用地、旱地等为主。句容城市圈、溧水城市圈、前埠村城市圈、东山城市圈的面积分别为 348.1km²、286.7km²、246.8km²、296.7km²。城市圈圩垸排涝模数 4m³/(s·km²)，最大水深为 0.1m。四块城市圈圩垸面积不同，对应的圩垸内部存蓄水面积也不同，为分析圩垸不同组合分布对流域洪水的影响，模型中将四块城市圈圩垸内部的存蓄水面积人为设置为相同值。

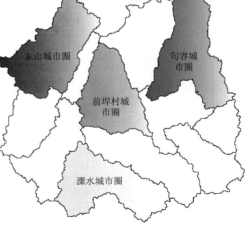

图 6.11　城市圈圩垸分布

　　本研究为了揭示城市群圩垸式防洪不同组合模式下对秦淮河流域洪水的影响，利用已经率定好的流域有、无圩垸 HEC - HMS 模型，选取具有不同大小洪水过程的暴雨事件，即 19890803（小规模）、19870701（中等规模）、19910630（大规模）三次暴雨洪水事件进行模拟分析。

6.3.1　有无城市圈圩垸的模拟预测

模拟分析主要研究秦淮河流域建设用地比例为 20% 的情景下，城市群圩垸式防洪模式对流域洪水的影响。

秦淮河流域有、无城市圈圩垸的暴雨洪水模拟结果见表 6.11。根据洪量、洪峰模拟结果对比，对于不同洪水，有圩垸工况下的洪量、洪峰均大于无圩垸工况下的洪量、洪峰。有圩垸工况较无圩垸工况洪量增大均超过 5%，洪峰增大均超过 9%。三场洪水的洪量增大均值为 10%，洪峰增大均值为 17%，故秦淮河流域城市圈圩垸式防洪模式较无圩垸防洪模式，增大了圩外河道洪水的洪量及洪峰，对流域防洪起到了不利影响。

表 6.11　　　　　　秦淮河流域有、无城市圈圩垸洪水模拟结果对比

洪　号	洪　量/mm		洪量相对变化 /%	洪　峰/(m³/s)		洪峰相对变化 /%
	有圩垸	无圩垸		有圩垸	无圩垸	
19890803	161	137	17.22	1040	818	27.24
19870701	340	313	8.51	1000	855	16.93
19910630	532	503	5.70	1524	1393	9.47
均值			10.48			17.88

究其原因，随着城市化程度逐渐提高，城市圈圩垸内部下垫面情况发生变化，城镇建设用地所占比例增大，不透水率增加，在相同程度的暴雨作用下，城市圈圩垸内部的径流量增加，因此圩垸向圩外河道排涝量增大，导致流域洪水的洪量增大。随着圩内水量的增加，圩垸考虑自身防洪安全会在较短时间内将洪水排至圩外河道，不同圩垸排涝的时间重叠，从而导致流域洪峰增大。

有、无城市圈圩垸不同规模洪水模拟结果见表 6.12，洪量相对变化趋势如图 6.12（按洪量从小到大排序）所示。根据表 6.12、图 6.12 可知，随着洪水规模增大（洪量增大），有城市圈圩垸的洪量相对变化百分比呈减小趋势。洪水规模大小不同，圩垸对洪水洪量的影响程度也不同，洪水规模越小，圩垸对洪量的影响越显著。

表 6.12　　　　　　有、无城市圈圩垸不同规模洪水模拟结果

洪　号	洪　量/mm		相 对 变 化 /%
	有圩垸	无圩垸	
19890803	161	137	17.22
19870815	174	151	15.51
20020619	186	163	14.35
19960626	225	200	12.56
19870701	340	313	8.51
20030626	473	445	6.33
19910630	532	503	5.70

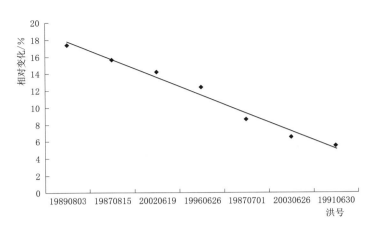

图 6.12 洪量相对变化趋势图

究其原因，相同的城市圈圩垸，不同规模的暴雨作用下，圩垸内部的径流量增量一定，随着洪水规模的增大，洪量相对变化的百分比呈线性减小趋势。洪水规模越小，圩垸对洪量的影响越显著。

6.3.2 不同城市圈圩垸组合模式下的模拟预测

模拟分析主要研究秦淮河流域建设用地比例为 20％ 的情景下，城市群圩垸式防洪模式对流域洪水的影响。

三次暴雨洪水事件在四个城市圈圩垸单独分布下的洪量模拟结果见表 6.13，洪峰模拟结果见表 6.14。根据表 6.13、表 6.14 计算绘制四个城市圈圩垸分别单独分布相对无圩垸的洪水洪量相对变化比较图如图 6.13 所示，洪峰相对变化比较图如图 6.14 所示。

表 6.13   城市圈圩垸单独分布的洪量模拟结果

洪 号	洪 量/mm			
	句容	溧水	前埠村	东山
19890803	146	145	145	146
19870701	324	322	322	323
19910630	514	513	513	514

表 6.14   城市圈圩垸单独分布的洪峰模拟结果

洪 号	洪 峰/(m³/s)			
	句容	溧水	前埠村	东山
19890803	894	896	873	860
19870701	881	882	871	859
19910630	1423	1424	1409	1402

根据表 6.13、图 6.13 可知，对不同规模洪水，流域中不同位置的句容、溧水、东山、前埠村城市圈圩垸，对流域洪水洪量影响程度基本一致。例如 19910630 次洪水，在句容、

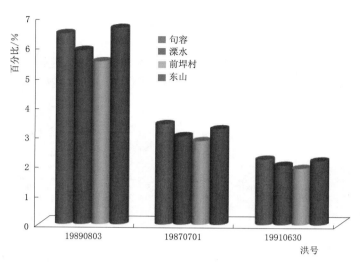

图 6.13　四个城市圈单独分布的洪量相对变化比较图

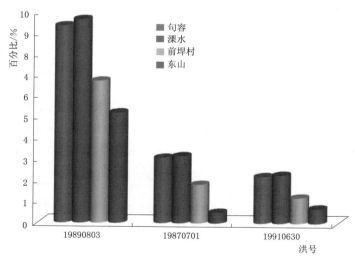

图 6.14　四个城市圈单独分布的洪峰相对变化比较图

溧水、东山、前埠村城市圈圩垸分别单独分布工况下的洪量分别为 514mm、513mm、513mm、514mm。城市圈圩垸的不同位置分布对洪量变化程度基本没有影响。

　　根据表 6.14、图 6.14 可知，对不同规模洪水，流域中不同位置的句容、溧水、东山、前埠村城市圈圩垸，对流域洪水洪峰的影响程度不同。句容、溧水圩垸影响程度基本一致且洪峰最大，前埠村圩垸次之，东山圩垸最小。以 19890803 次洪水为例，在上游城市圈圩垸句容、溧水分别单独分布工况下的洪峰分别为 894m³/s、896m³/s；中游城市圈圩垸前埠村单独分布工况洪峰为 873m³/s；下游城市圈圩垸东山单独分布工况洪峰为 860m³/s。城市圈圩垸分布越靠近流域出口对洪水的洪峰影响程度越弱，越靠近上游影响越显著。

为研究四个城市圈圩垸组合分布对流域洪水的影响，本节构建四种组合模式。组合 a：句容城市圈单独分布；组合 b：句容、前埠村城市圈共同分布；组合 c：句容、前埠村、东山城市圈共同分布；组合 d：句容、溧水、前埠村、东山城市圈共同分布。

四个城市圈圩垸组合分布图如图 6.15 所示。三次暴雨洪水事件在四个城市圈圩垸组合分布下的洪量模拟结果见表 6.15，洪峰模拟结果见表 6.16。根据表 6.15、表 6.12 计算绘制四个城市圈圩垸组合分布相对无圩垸的洪水洪量相对变化比较图如图 6.16 所示，洪峰相对变化比较图如图 6.17 所示。

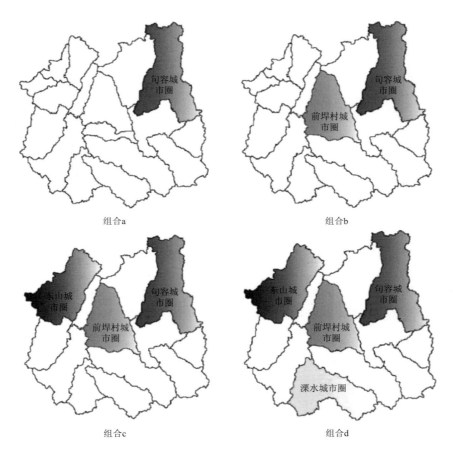

图 6.15 城市圈圩垸组合分布图

表 6.15　　　　　　　城市圈圩垸组合分布的洪量模拟结果　　　　　　单位：mm

洪　号	洪　量				
	无圩垸	组合 a	组合 b	组合 c	组合 d
19890803	137	146	150	156	161
19870701	313	324	328	335	340
19910630	503	514	520	526	532

101

表 6.16	城市圈圩垸组合分布的洪峰模拟结果				单位：m³/s
洪 号	洪 峰				
	无圩垸	组合 a	组合 b	组合 c	组合 d
19890803	818	894	918	942	1040
19870701	855	881	934	976	1000
19910630	1393	1419	1448	1475	1524

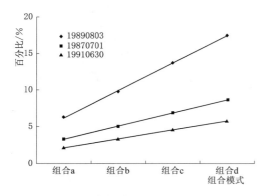

图 6.16 城市圈圩垸组合分布洪量
相对变化比较图

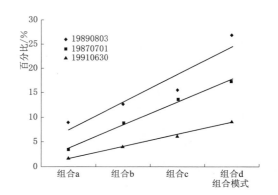

图 6.17 城市圈圩垸组合分布洪峰
相对变化比较图

根据图 6.16、图 6.17 可知，随着流域中城市圈圩垸的增多，城市圈圩垸所占流域面积的比例逐渐增大，圩垸对流域洪水洪量及洪峰的影响程度均逐渐增大，呈线性趋势。以 19870701 次洪水为例，城市圈组合 a、b、c、d 对应的洪量相对变化分别为 3.39%、4.93%、6.96%、8.63%，洪峰相对变化分别为 3.06%、9.26%、14.14%、16.93%，均逐渐增大。

6.3.3 城市圈圩垸式防洪模式的预测分析

流域径流通常是下垫面土地利用情况和气候条件共同作用的结果，为了进一步分析土地利用变化特别是城市化对研究区城市圈圩垸式防洪模式水文过程的影响，本节在 19890803（小规模）、19870701（中等规模）、19910630（大规模）三次暴雨洪水事件气象数据不变的前提下，分别在流域建设用地比例分别为 20%（当前城市化水平）、30%、40%、50% 四种情景下，对研究区的水文效应进行预测分析。

秦淮河流域有城市圈圩垸防洪模式下三次暴雨洪水事件分别在四种建设用地比例情景下的洪量、洪峰模拟结果及 30%、40%、50% 四种情景下相较于当前城市化水平（建设用地比例为 20%）的洪量、洪峰的相对变化见表 6.17。洪量、洪峰相对变化如图 6.18 所示。

表 6.17		秦淮河城市圈圩垸式防洪模式下的城市化情景模拟结果			
洪 号	建设用地比例	洪 量		洪 峰	
		模拟值/mm	相对变化/%	模拟值/(m³/s)	相对变化/%
19890803	20%	161		1040	
	30%	164	1.92	1067	2.56
	40%	167	3.97	1093	5.07
	50%	171	6.02	1119	7.59
19870701	20%	340		1000	
	30%	344	1.15	1023	2.26
	40%	348	2.27	1045	4.52
	50%	352	3.39	1068	6.77
19910630	20%	532		1524	
	30%	536	0.79	1549	1.61
	40%	540	1.50	1573	3.21
	50%	544	2.27	1597	4.80

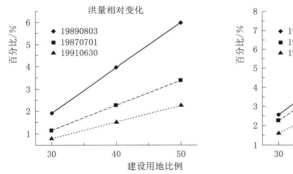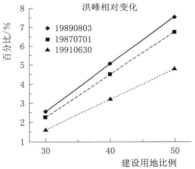

图 6.18 不同城市化情景洪量、洪峰相对变化

根据表 6.17、图 6.18 秦淮河流域城市圈圩垸式防洪模式布局下，对不同规模洪水，随着流域建设用地比例的逐渐增大，流域洪量、洪峰相较于当前城市化水平（建设用地比例为 20% 的情景）均逐渐增大，且呈线性趋势，即流域洪量、洪峰与城市化水平呈正相关。以 19890803 次洪水为例，流域建设用地比例分别为 30%、40%、50% 三种情景下相较于 20% 情景下的洪量增大百分比分别为 1.92%、3.97%、6.02%，洪峰增大百分比分别为 2.56%、5.07%、7.59%，均逐渐增大。

秦淮河流域有、无城市圈圩垸防洪模式下三次暴雨洪水事件分别在四种建设用地比例情景下的模拟结果见表 6.18，有无圩垸的洪量、洪峰相对变化如图 6.19 所示。

洪号	建设用地比例	洪量			洪峰		
		无圩垸/mm	有圩垸/mm	相对变化/%	无圩垸/(m³/s)	有圩垸/(m³/s)	相对变化/%
19890803	20%	137	161	17.52	818	1040	27.14
	30%	147	164	11.76	840	1067	26.98
	40%	153	167	9.47	882	1093	23.89
	50%	159	171	7.18	925	1119	20.96
19870701	20%	313	340	8.63	855	1000	16.96
	30%	324	344	6.11	882	1023	15.92
	40%	331	348	4.90	921	1045	13.51
	50%	339	352	3.83	962	1068	11.00
19910630	20%	503	532	5.77	1393	1524	9.40
	30%	515	536	4.14	1420	1549	9.04
	40%	522	540	3.40	1461	1573	7.63
	50%	530	544	2.68	1506	1597	6.07

表 6.18 　　　　　　　　　　秦淮河流域有、无城市圈圩垸的城市化情景模拟结果

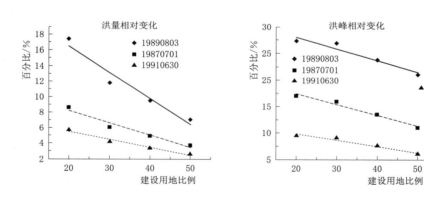

图 6.19　不同城市化情景下有、无城市圈圩垸洪量、洪峰相对变化

　　根据上述分析，随着建设用地比例的增大，流域洪水的洪量、洪峰均增大。根据 6.3.1 节，秦淮河流域城市圈圩垸式防洪模式较无圩垸防洪模式，增大了圩外河道洪水的洪量及洪峰，对流域防洪起到了不利影响。根据表 6.18、图 6.19 可知，随着建设用地比例的增大，有、无城市圈圩垸防洪模式下的洪量及洪峰的相对变化呈线性减小趋势，即随着建设用地比例的增大，城市圈圩垸式防洪模式对流域洪水的洪量及洪峰的不利影响程度逐渐减小。以 19890803 次洪水为例，流域建设用地比例分别为 20%、30%、40%、50% 四种情景下有、无圩垸的洪量相对变化分别为 17.52%、11.76%、9.47%、7.18%，洪峰相对变化分别为 27.14%、26.98%、23.89%、20.96%，均逐渐减小。

6.4 城市群圩垸式防洪模式洪水演进过程模拟与预测

6.4.1 有无城市群圩垸的洪水演进过程模拟分析

根据 5.3.1 节中构建的 HEC-RAS 模型，模拟分析秦淮河流域建设用地比例为 20% 的情景下，城市群圩垸式防洪模式对流域洪水演进过程的影响。

秦淮河流域有、无城市群圩垸的暴雨洪水东山断面的最高水位模拟结果见表 6.19。根据水位模拟结果对比，对于不同洪水，有圩垸工况下的东山断面水位均大于无圩垸工况下的水位。有圩垸工况较无圩垸工况水位增大均超过 5%，三场洪水的水位增大均值为 5.83%。故秦淮河流域城市圈圩垸式防洪模式较无圩垸防洪模式，增大了圩外主河道洪水的水位，对流域防洪起到了不利影响。

表 6.19 秦淮河流域有、无城市圈圩垸东山断面水位模拟结果对比

洪 号	水 位/m		相 对 变 化 /%
	无圩垸	有圩垸	
19890803	7.95	8.52	7.12
19870701	8.13	8.57	5.33
19910630	9.49	9.97	5.05
均 值			5.83

究其原因，根据 6.3.1 节分析结果，城市圈圩垸会导致流域洪水的洪量和洪峰增大，从而导致断面的单位时间过流量增大；同时由于圩垸的存在，圩堤的建设束窄了原河道，从而提高了断面水位。

6.4.2 不同城市群圩垸式防洪模式下的洪水演进过程模拟

模拟分析主要研究秦淮河流域建设用地比例为 20% 的情景下，城市群圩垸式防洪模式对流域洪水的影响。

圩垸组合分布模式与 6.3 节城市圈圩垸组合模式相同。利用已率定好的流域有、无圩垸 HEC-RAS 模型，选取具有不同大小洪水过程的暴雨事件，即 19890803（小规模）、19870701（中等规模）、19910630（大规模）三次暴雨洪水事件进行模拟分析。分别探讨四个城市圈单独分布及城市圈圩垸组合模式情景下的，秦淮河中下游主河道东山断面的水位变化情况。

三次暴雨洪水事件在四块城市圈圩垸单独分布下的东山断面最高水位模拟结果见表 6.20。根据表 6.20 可知，计算绘制四个城市圈圩垸分别单独分布相对无圩垸的东山断面水位增大百分比比较图如图 6.20 所示。

表 6.20	城市圈圩垸单独分布的东山断面最高水位模拟结果			单位：m
洪　号	水　位			
	句容	溧水	前埠村	东山
19890803	8.24	8.24	8.13	8.08
19870701	8.30	8.30	8.25	8.21
19910630	9.66	9.65	9.60	9.56

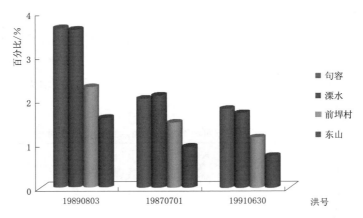

图 6.20　四个城市圈圩垸单独分布的东山断面水位增大百分比比较图

根据表 6.20、图 6.20 可知，对不同规模洪水，流域中不同位置的句容、溧水、东山、前埠村城市圈圩垸，对流域洪水水位影响程度不同。句容、溧水城市圈圩垸的影响程度基本一致，句容、前埠村、东山城市圈圩垸的影响程度逐渐减弱。例如 19910630 次洪水，在句容、溧水、东山、前埠村城市圈圩垸分别单独分布工况下的东山断面最高水位分别为 9.66m、9.65m、9.60m、9.56m。城市圈圩垸分布越靠近流域出口对水位的影响程度越弱，越靠近上游影响越显著。

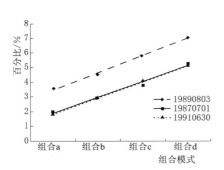

图 6.21　城市圈圩垸组合分布的东山断面水位增大百分比变化趋势图

三次暴雨洪水事件在四块城市圈圩垸组合分布下的东山断面最高水位模拟结果见表 6.21。根据表 6.21 可知，计算绘制城市圈圩垸组合分布相对于无圩垸的东山断面水位增大百分比变化趋势如图 6.21 所示。

表 6.21	城市圈圩垸组合分布的东山断面最高水位模拟结果			单位：m
洪　号	水　位			
	无圩垸	组合 a	组合 b	组合 c	组合 d
19890803	7.95	8.24	8.30	8.41	8.52
19870701	8.13	8.30	8.37	8.44	8.57
19910630	9.49	9.66	9.76	9.88	9.97

根据表 6.21、图 6.21 可知，随着流域中城市圈圩垸的增多，对流域洪水水位的影响程度逐渐增大，圩垸对流域洪水东山断面最高水位的影响程度均逐渐增大，呈线性趋势。以 19870701 次洪水为例，城市圈组合 a、b、c、d 对应的水位相对变化分别为 1.80％、2.83％、4.06％、5.04％，逐渐增大。

6.4.3　城市群圩垸式防洪模式下的洪水演进过程预测分析

本节在 19890803（小规模）、19870701（中等规模）、19910630（大规模）三次暴雨洪水事件气象数据不变的前提下，分别在流域建设用地比例分别为 20％（当前城市化水平）、30％、40％、50％四种情景下，对研究区的洪水演进过程进行预测分析。

秦淮河流域有城市圈圩垸防洪模式下三次暴雨洪水事件分别在四种建设用地比例情景下的东山断面最高水位的模拟结果及 30％、40％、50％四种情景下相较于当前城市化水平（建设用地比例为 20％）的东山断面最高水位的相对变化见表 6.22。水位相对变化如图 6.22 所示。

表 6.22　　　秦淮河流域有城市圈圩垸防洪模式下的城市化情景水位模拟结果

洪　号	建设用地比例	水　位	
		模拟值/m	相对变化/％
19890803	20％	8.52	
	30％	8.54	0.23
	40％	8.60	0.94
	50％	8.69	2.00
19870701	20％	8.57	
	30％	8.62	0.58
	40％	8.69	1.40
	50％	8.73	1.87
19910630	20％	9.97	
	30％	10.02	0.50
	40％	10.07	1.00
	50％	10.11	1.40

根据表 6.22、图 6.22 秦淮河流域城市圈圩垸式防洪模式布局下，对不同规模洪水，随着流域建设用地比例逐渐增大，流域东山断面最高水位相较于当前城市化水平（建设用地比例为 20％的情景）均逐渐增大，且呈线性趋势，即流域水位与城市化水平呈正相关。以 19890803 次洪水为例，流域建设用地比例分别为 30％、40％、50％三种情景下相较于 20％情景下的水位增大百分比分别为 0.23％、0.94％、2.00％，逐渐增大。

秦淮河流域有、无城市圈圩垸防洪模式下三次暴雨洪水事件分别在四种建设用地比例情景下的东山断面最高水位模拟结果见表 6.23，有无圩垸的水位相对变化如图 6.23 所示。

表 6.23　　　　　　　　　　秦淮河流域有、无城市圈圩垸的城市化情景水位模拟结果

洪　号	建设用地比例	水　位		
		无圩垸/m	有圩垸/m	相对变化/%
19890803	20%	7.95	8.52	7.17
	30%	8.03	8.54	6.35
	40%	8.17	8.6	5.26
	50%	8.32	8.69	4.45
19870701	20%	8.13	8.57	5.41
	30%	8.18	8.62	5.38
	40%	8.29	8.69	4.83
	50%	8.40	8.73	3.93
19910630	20%	9.49	9.97	5.06
	30%	9.54	10.02	5.03
	40%	9.61	10.07	4.79
	50%	9.70	10.11	4.23

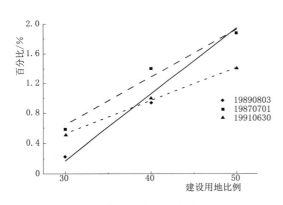

图 6.22　不同城市化情景水位相对变化

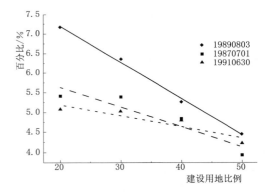

图 6.23　不同城市化情景下有、无城市圈
圩垸水位相对变化

　　根据上述分析，随着建设用地比例的增大，流域洪水的洪水位提高。根据 6.3.1 节，秦淮河流域城市圈圩垸式防洪模式较无圩垸防洪模式，增大了圩外河道洪水的水位，对流域防洪造成不利影响。根据表 6.23、图 6.23 可知，随着建设用地比例的增大，有、无城市圈圩垸防洪模式下的东山断面最高水位的相对变化呈线性减小趋势，即随着建设用地比例的增大，城市圈圩垸式防洪模式对流域洪水的水位的不利影响程度逐渐减小。以 19890803 次洪水为例，流域建设用地比例分别为 20%、30%、40%、50% 四种情景下有、无圩垸的水位相对变化分别为 7.17%、6.35%、5.26%、4.45%，逐渐减小。

6.5 小结

本章以秦淮河流域为研究区，首先构建 HEC-HMS 次降雨径流模型；其次结合不同量级且具有不同洪水过程线的暴雨事件，分别从有无圩垸、不同圩垸组合模式方面分析研究农村圩垸式防洪模式和城市群圩垸式防洪模式对流域洪水的影响，并对未来城镇建设用地比例情景下圩垸式防洪模式对流域洪水的影响进行预测分析；最后利用 HEC-RAS 洪水演进模型，结合不同量级且具有不同洪水过程线的暴雨事件，分别从有无圩垸、不同圩垸组合模式方面分析研究城市群圩垸式防洪模式对流域洪水演进过程的影响，并对未来城镇建设用地比例情景下圩垸式防洪模式对流域洪水演进过程的影响进行预测分析。本章研究分析成果归纳小结如下。

（1）农村圩垸式防洪模式对流域洪水的影响分析。

1）秦淮河流域农村圩垸式防洪模式较无圩垸防洪模式，削减了圩外河道洪水的洪量及洪峰，对流域防洪起到积极作用；洪水规模大小不同，圩垸对洪水洪量的影响程度也不同，洪水规模越小，圩垸对洪量的影响越显著。

2）对不同规模洪水，流域中不同位置的武定门圩、东山圩、前埠村圩，对流域洪水洪量影响程度基本一致；圩垸不同分布对洪水过程流量的削减均集中分布在前期，东山圩、前埠村圩在洪水过程前期对流量的削减程度相近，均超过武定门圩对流量过程的削减程度，农村圩垸分布在流域出口对洪水的洪峰及洪水过程的流量削减程度低于流域中上游圩垸的作用效果。

3）对不同规模洪水，随着流域城市化水平逐渐提高，流域洪量、洪峰相较于当前城市化水平（城市建设用地比例为20%的情景）均逐渐增大，呈线性趋势，即流域洪量、洪峰与城市化水平呈正相关；随着流域城市化水平的提高，有、无农村圩垸防洪模式下的洪量及洪峰的相对变化基本保持不变，即随着建设用地比例的增大，农村圩垸式防洪模式对流域洪水的洪量及洪峰的削减程度基本保持不变。

（2）城市群圩垸式防洪模式对流域洪水的影响分析。

1）秦淮河流域城市群圩垸式防洪模式较无圩垸防洪模式，增大了圩外河道洪水的洪量及洪峰，对流域防洪起到了不利影响；洪水规模大小不同，圩垸对洪水洪量的影响程度也不同，洪水规模越小，圩垸对洪量的影响越显著。

2）对不同规模洪水，流域中不同位置的句容、溧水、东山、前埠村城市圈圩垸，对流域洪水洪量的影响程度基本一致；对流域洪水洪峰的影响程度不同，句容、溧水圩垸的影响程度基本一致且洪峰较大，前埠村圩垸次之，东山圩垸最小，城市圈圩垸分布越靠近流域出口对洪水的洪峰影响程度越弱，越靠近上游影响越显著。随着流域中城市圈圩垸的增多，圩垸对流域洪水洪量及洪峰的影响程度均逐渐增大，呈线性趋势。

3）对不同规模洪水，随着流域城市化水平的逐渐提高，流域洪量、洪峰相较于当前城市化水平（城市建设用地比例为20%的情景）均逐渐增大，呈线性趋势，即流域洪量、洪峰与城市化水平呈正相关；随着流域城市化水平的提高，有、无城市圈圩垸防洪模式下的洪量及洪峰的相对变化呈线性减小趋势，即城市圈圩垸式防洪模式对流域洪水的洪量及洪峰的不利影响程度与城市化水平呈负相关。

（3）城市群圩垸式防洪模式对流域洪水演进过程的影响分析。

1）秦淮河流域城市群圩垸式防洪模式较无圩垸防洪模式，增大了圩外河道洪水的水位，对流域防洪起到了不利影响。

2）对不同规模洪水，对流域洪水水位影响程度不同。句容、溧水城市圈圩垸的影响程度基本一致，句容、前埠村、东山城市圈圩垸的影响程度逐渐减弱，城市圈圩垸分布越靠近流域出口对水位的影响程度越弱，越靠近上游影响越显著；随着流域中城市圈圩垸的增多，对流域洪水水位的影响程度逐渐增大，圩垸对流域洪水东山断面最高水位的影响程度均逐渐增大，呈线性趋势。

3）对不同规模洪水，随着流域城市化水平的逐渐提高，流域水位相较于当前城市化水平（城市建设用地比例为 20％的情景）均逐渐增大，呈线性趋势，即流域水位与城市化水平呈正相关；随着流域城市化水平的提高，有、无城市圈圩垸防洪模式下的水位的相对变化呈线性减小趋势，即城市圈圩垸式防洪模式对流域洪水的水位的不利影响程度与城市化水平呈负相关。

第7章

城市化下的流域洪灾风险

7.1 洪灾风险的定义

洪水灾害是自然灾害中的一种常见灾害，通常认为洪水灾害包含的三个要素为致灾因子、孕灾环境、承灾体。致灾因子即诱发洪水灾害形成的因素，包括暴雨洪水、冰凌洪水、融雪洪水、溃坝、城市洪水、水库洪水等，影响因素有洪水淹没范围、洪水频率、淹没历时、淹没水深。孕灾环境是洪水灾害形成的环境，包括大气环境、水文气象环境以及下垫面环境（地形、地貌、水系、径流、土壤、植被）。承灾体主要是人类社会及其密切相关的生态系统，包括人、工业、农业、林业、牧业、渔业等。孕灾环境、致灾因子、承载体之间相互作用、相互影响、相互联系，缺一不可。在洪涝灾害复杂的系统中，致灾因子和孕灾环境是输入，灾情是输出，它们之间的因果关系可用图7.1反映。

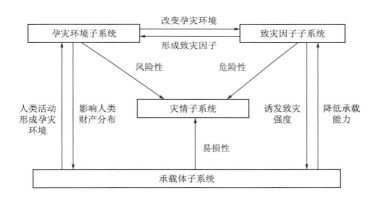

图 7.1　洪水灾害系统

对于洪灾风险的内涵，目前学术界还没有统一的定义，一般狭义地认为洪灾风险指"失事"概率，用来衡量洪灾风险事件出现概率的大小，其缺点是没有反映该事件造成损失程度的大小，诚然流域内承载体也是洪灾风险因素之一，圩垸内的人口、财产越多，相应的风险也就越高。然而此变化并不是圩垸引起的，如前文分析秦淮河流域防洪工程——圩垸对流域的洪峰、洪量、洪水位有较大影响，因此本书假设圩垸内承载体的风险是不变的，在研究圩垸模式下洪灾风险时可以忽略承载体的风险。秦淮河流域洪灾风险仅为致灾因子与孕灾环境作用引起的风险，将事件发生的不超过概率作为衡量洪灾的风险度。

7.2 多维概率计算理论

通常把多个变量作为独立变量来研究，实际上这些变量之间有非常复杂的关系，即变量之间具有相依性，忽略变量间的相依性会对我们的研究结果造成影响。构建多维的概率模型，可以把多因素的洪灾特征因素联系起来，以一个全面的评判标准去评价风险。

7.2.1 Copula 函数理论

"Copula"意思即"连接在一起"，特别适合构造多维联合分布，构造方法简单、适用广。介绍 Copula 定义前不得不提到 Sklar 理论。1959 年 Sklar 提出 d 元联合分布函数必定可由一个 Copula 函数及 d 元边际分布构成。假设随机变量 X_1，X_2，$\cdots$，X_d 具有边际分布 F_{X_1}，F_{X_2}，$\cdots$，F_{X_d}，联合分布函数为 $F(x_1,\cdots,x_d)$。根据 Sklar 理论，存在 CopulaC 与 d 维联合分布函数 $F(x_1,\cdots,x_d)$ 有如下关系：

$$F(x_1,\cdots,x_d)=C(F_{X_1}(x_1),\cdots,F_{X_d}(x_d))=C(u_1,\cdots,u_d) \tag{7.1}$$

式中：F_{x_i} 为 x_i 的边际函数；$F_{X_i}(x_i)=u_i$，$i=1,2,\cdots,d$。

由 Sklar 理论可以推求出联合分布密度函数 $f(x_1,\cdots,x_d)$ 与 Copula 密度函数 $c(x_1,\cdots,x_d)$ 之间的关系：

$$f(x_1,\cdots,x_d)=c(x_1,\cdots,x_d)\prod_{i=1}^{d}f_i(x_i) \tag{7.2}$$

式中：f_i 为边际函数 F_{x_i} 的密度函数。

（1）边际分布选择。早期的联合分布建立在变量边际分布为同一类型的基础上，随着多变量频率分析研究发展，边际分布型式更加丰富，构造多变量联合分布更加困难。Copula 函数可以构造不拘泥于边际变量型式的多变量联合分布，解决了不同型式变量边际分布的联合分布构造问题。常见的边际分布形式如下：

1）皮尔逊Ⅲ型分布（P-Ⅲ）。P-Ⅲ是一种偏态分布，也称伽马分布，在我国各种水利规范中，广泛使用 P-Ⅲ曲线，其密度函数为

$$f(x)=\frac{\beta^\alpha}{\Gamma(\alpha)}(x-a_0)^{\alpha-1}e^{-\beta(x-a_0)}，a_0<x<\infty，\alpha>0，\beta>0 \tag{7.3}$$

式中：α 为形状参数；β 为尺度参数；a_0 为位置参数。其中 $\Gamma(x)$ 由下式定义

$$\Gamma(y+1)=\int_0^\infty t^y e^{-t}dt，y+1>0 \tag{7.4}$$

参数 α、β、a_0 与总体统计的均值 $\overline{x}$、变差系数 C_v、偏差系数 C_s 之间存在如下关系：

$$\alpha=\frac{4}{C_s^2}，\quad \beta=\frac{2}{\overline{x}C_vC_s}，\quad a_0=\overline{x}\left(1-\frac{2C_v}{C_s}\right)$$

均值 $\overline{x}$ 采用矩法计算，C_v、C_s 采用适线法，适线方法包括概率权重矩法、双权函数法、离差平方和最小法和绝对离差和最小法估算。已知 P-Ⅲ曲线密度函数，对其积分即可得分布函数：

$$F(x)=\int_0^x f(t)dx$$

2）广义极值分布（GEV）。广义极值分布是极值Ⅰ、Ⅱ、Ⅲ型分布的统称，近年来较多用于极端水文事件研究中，其表达式如下：

$$F(x) = \exp\left\{ -\left[1 - k\left(\frac{x-u}{a} \right) \right]^{1/k} \right\}, \quad 1 - k\left(\frac{x-u}{a} \right) > 0 \qquad (7.5)$$

式中：k 为形状参数；a 为尺度参数；u 为位置参数。

其密度函数为

$$f(x) = \frac{1}{a}\left[1 - k\left(\frac{x-u}{a} \right) \right]^{1/k-1} \mathrm{e}^{-\left[1 - k\left(\frac{x-u}{a} \right) \right]^{1/k}} \qquad (7.6)$$

根据 k 取值不同，具体划分见表 7.1。

表 7.1 极 值 分 布 类 型 划 分

k 取值范围	函数类型	k 取值范围	函数类型
$k \to 0$	极值Ⅰ型分布	$k > 0$	极值Ⅲ型分布
$k < 0$	极值Ⅱ型分布		

3）两参数对数正态分布。1879 年，Mcalister 提出了对数正态分布，而后广泛运用于经济、生物、材料、地质、水文等研究领域中，是一种常见的分布类型，可以说自然界中许多现象都服从对数正态分布。对数正态分布是指，变量 Y 的服从正态分布 $N(\mu, \delta)$，则 $X = \mathrm{e}^Y$ 服从对数正态分布。

两参数对数正态分布概率密度为

$$f(x) = \frac{1}{x \sigma_y \sqrt{2\pi}} \exp\left\{ \frac{-(\ln x - \mu_y)^2}{2\sigma_y^2} \right\}, \quad x > 0 \qquad (7.7)$$

式中：μ_y 和 σ_y 分别为 x 序列取自然对数后形成的序列的均值和标准差。

（2）Copula 定义。一个 d 维 Copula 是 $[0,1]^d \to [0,1]$ 的映射，Copula 具有下列特性。

1）$C(u_1, u_2, \cdots, u_d)$ 满足边界条件 $0 \leqslant C(u_1, u_2, \cdots, u_d) \leqslant 1$。

2）设 $u = [u_1, \cdots, u_d]$，$u_i \in [0,1]$，对，若 $\boldsymbol{u}$ 中至少一个分类等于 0，即 $u_i = 0$，有

$$C(u_1, u_2, \cdots, u_d) = 0 \qquad (7.8)$$

3）除 u_i 外，$\boldsymbol{u}$ 中其他所有分量等于 1，即 $C(\boldsymbol{u}) = u_j = 1$，$j = 1, 2, \cdots, d$，且 $j \neq i$，则

$$C(u_1, u_2, \cdots, u_d) = u_i, \quad \forall i \in \{1, \cdots, d\}, \quad i \leqslant d, \quad u_i \in [0,1] \qquad (7.9)$$

4）$C(u_1, u_2, \cdots, u_d)$ 是一个 d 维增函数，对任意 d 维区间，有非负值，即两个元素 $(x_{1,1}, x_{1,2}, \cdots, x_{1,d})$ 和 $(x_{2,1}, x_{2,2}, \cdots, x_{2,d})$ 均属于 $[0,1]^d$，且 $x_{1,k} \leqslant x_{2,k}$，$k = 1, 2, \cdots, d$，有

$$\sum_{i_1=1}^{2} \cdots \sum_{i_d=1}^{2} (-1)^{i_1+i_2+\cdots+i_d} C(x_{i_1,1}, x_{i_2,2}, \cdots x_{i_d,d}) \geqslant 0 \qquad (7.10)$$

5）对于 $[0,1]d$ 上的每一个 Copula $C(u_1, u_2, \cdots, u_d)$ 和每一个 $(u_1, u_2, \cdots, u_d)$ 满足下列边界条件：

$$\max(u_1 + u_2 + \cdots + u_d - d + 1, 0) \leqslant C(u_1, u_2, \cdots, u_d) \leqslant \min(u_1, u_2, \cdots, u_d), \quad d \geqslant 2$$

$$(7.11)$$

6）若边际分布的随机变量互相独立，则有

$$C(u_1, u_2, \cdots, u_d) = \prod_{i=1}^{d} u_i \tag{7.12}$$

7.2.2 Copula 分类

Copula 按照可交换性，分为对称（symmetric）Copula 和非对称（asymmetric）Copula。常见的 Copula 函数有 Archimedean Copula、elliptical Copula 和混合 Copula。本文选用 Archimedean Copula。

（1）阿基米德 Copula（Archimedean Copula）。

Archimedean Copula 是一族最常见、运用最多的 Copula 函数，主要因为它的参数少、结构简单，大多具有明确的表达式，在许多领域都有广泛的运用。

一般来说，包含一个参数 Archimedean Copula 是对称的，一个 d 维的 Copula C^d：$[0,1]^d \rightarrow [0,1]$ 可以定义为

$$C(u_1, u_2, \cdots, u_d) = \varphi^{-1}\Big[\sum_{k=1}^{d} \varphi(u_k)\Big] = \varphi^{-1}\big[\varphi(u_1) + \varphi(u_2) + \cdots + \varphi(u_d)\big]$$
$$u_k \in [0,1], \quad k = 1, \cdots, d \tag{7.13}$$

式中：$\varphi(\cdot)$ 称为 Archimedean Copula 的生成函数（generating function）；φ^{-1} 为 φ 的逆函数。φ 具有下列特性：

1）$\varphi(\cdot)$ 是 $[0,1] \rightarrow [0,\infty)$ 的连续严格递增函数，$\varphi(1) = 0$，$\varphi(0) = \infty$；对于 $k = 1$，$\cdots, d$，$u_k \in [0,1]$，$\varphi(u_k) \in [0,\infty)$。

2）φ^{-1} 在 $[0,\infty)$ 上单调，除 $\varphi^{-1}(0) = 1$ 和 $\varphi^{-1}(\infty) = 0$ 外，有

$$\varphi^{-1}(t) = \begin{cases} \varphi^{-1}(t) &, \quad 0 \leqslant t \leqslant \varphi(0) \\ 0 &, \quad \varphi(0) \leqslant t < \infty \end{cases} \tag{7.14}$$

3）φ^{-1} 在区间 $[0,\infty)$ 的 k 阶导数（$k = 0, 1, 2, \cdots$）满足

$$(-1)^k \frac{d^k \varphi^{-1}(t)}{dt^k} \geqslant 0 \tag{7.15}$$

Archimedean Copula 并不总是有密度函数，只有当 Archimedean Copula 绝对连续时，才有密度函数，表达式如下：

$$c(u_1, u_2, \cdots, u_d) = \varphi^{-1(d)}\big[\varphi(u_1) + \varphi(u_2) + \cdots \varphi(u_d)\big] \prod_{k=1}^{d} \varphi'(u_k) \tag{7.16}$$

式中：$\varphi^{-1(d)}(\cdot)$ 为 $\varphi \cdot$ 的逆函数的 d 阶导数；$\varphi'(\cdot)$ 为 φ 的一阶导数。

常见的 Archimedean Copula 有 Gumbel - Hougaard，Clayton，Frank 和 Ali - Mikhail - Haq Copula，其函数形式见表 7.2。二维 Arichimedean Copula 函数模拟 1000 次散点图如图 7.2 所示。

表 7.2   常见 Archimedean Copula 函数形式

Copula	$\varphi(t)$	θ	$C(u_1, u_2, \cdots, u_d)$
Gumbel - Hougaard	$(-\ln t)^\theta$	$\theta \geqslant 1$	$\exp\left\{-\Big[\sum_{j=1}^{d}(-\ln u_j)^\theta\Big]^{\frac{1}{\theta}}\right\}$

Copula	$\varphi(t)$	θ	$C(u_1,u_2,\cdots,u_d)$
Clayton	$\dfrac{1}{\theta}(t^{-\theta}-1)$	$\theta>0$	$\left[\left(\sum\limits_{j=1}^{d}u_j^{-\theta}\right)-d+1\right]^{\frac{1}{\theta}}$
Frank	$-\ln\dfrac{e^{-\theta t}-1}{e^{-\theta}-1}$	$R/\{0\}$	$-\dfrac{1}{\theta}\ln\left[1+\dfrac{\prod\limits_{j=1}^{d}e^{-\theta u_j}-1}{(e^{-\theta}-1)^{d-1}}\right]$
Ali – Mikhail – Haq	$\ln\dfrac{1-\theta(1-t)}{t}$	$\theta\in(0,1)$	$\dfrac{(1-\theta)\prod\limits_{j=1}^{d}u_j}{\prod\limits_{j=1}^{d}[1-\theta(1-u_j)]-\theta\prod\limits_{j=1}^{d}u_j}$

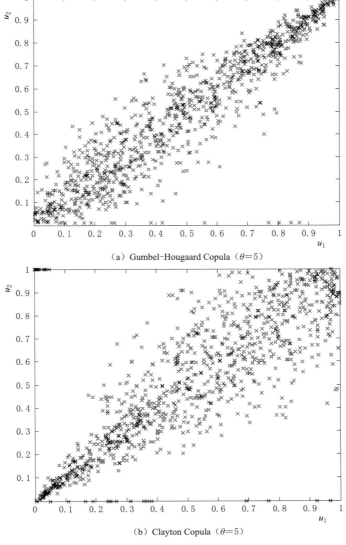

（a）Gumbel-Hougaard Copula（$\theta=5$）

（b）Clayton Copula（$\theta=5$）

图 7.2（一）　二维 Arichimedean Copula 函数模拟 1000 次散点图

115

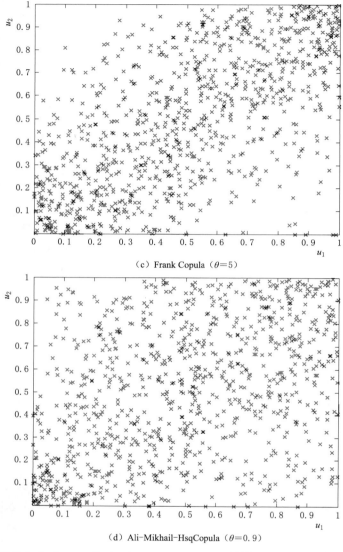

（c）Frank Copula（$\theta=5$）

（d）Ali-Mikhail-HsqCopula（$\theta=0.9$）

图 7.2（二）　二维 Arichimedean Copula 函数模拟 1000 次散点图

（2）椭球形 Copula(elliptical Copula)。若 d 维随机变量 z 具有如下的定义，则参数为 $\mu(p\times1)$ 和 d 维随机变量 z 具有 elliptical 分布（elliptical distribution，ECD）。

$$z\overset{d}{=}\mu+rAu \tag{7.17}$$

式中：$r\geqslant0$ 为随机变量；u 为 $\mathbf{R}^d$ 上的均匀分布变量，且独立于 r；A 为 $d\times d$ 常量矩阵，且满足 $\mathbf{A}\mathbf{A}^{\mathrm{T}}=\mathbf{\Sigma}$；符号"$\overset{d}{=}$"含义是上式两边具有相同的分布。当 r 有密度函数时，z 的密度函数可以表示为

$$f(z_1,z_2,\cdots,z_d;\mathbf{\Sigma})=|\mathbf{\Sigma}|^{\frac{1}{2}}g[(\mathbf{z}-\mathbf{\mu})^{\mathrm{T}}\mathbf{\Sigma}^{-1}(\mathbf{z}-\mathbf{\mu})] \tag{7.18}$$

式中：$g(\cdot)$ 为一个尺度函数（scale function），由 r 的分布唯一确定，可以看成概率密度

116

函数生成器（probability dessity function generator）。

常见 d 维 ECD 见表 7.3。

表 7.3 **常 见 的 d 维 ECD**

分　布	$f=(z,\mu,\Sigma)$	$g(u)$	参数取值
Kotz 类	$\dfrac{s\Gamma\left(\dfrac{p}{2}\right)}{\pi^{\frac{n-1}{2}}\Gamma\left(\dfrac{2N+p-2}{2s}\right)}r^{\frac{2N+p-2}{2s}}$ $\lvert\Sigma\rvert^{-\frac{1}{2}}\left[(z-\mu)^T\Sigma^{-1}(z-\mu)\right]^{N-1}$ $\exp\{-r[(z-\mu)^T\Sigma^{-1}(z-\mu)]^s\}$	$\dfrac{s\Gamma\left(\dfrac{p}{2}\right)}{\pi^{\frac{n-1}{2}}\Gamma\left(\dfrac{2N+P-2}{2s}\right)}$ $r^{\frac{2N+p-2}{2s}}u^{N-1}\exp(-ru^2)$	$r,s>0$ $2N+p>2$
Pearson Ⅱ类	$\dfrac{\Gamma\left(\dfrac{p}{2}+m+1\right)}{\Gamma(m+1)\pi^{\frac{p}{2}}}\lvert\Sigma\rvert^{-\frac{1}{2}}$ $\left[1-(z-\mu)^T\Sigma^{-1}(z-\mu)\right]^m$	$\dfrac{\Gamma\left(\dfrac{p}{2}+m+1\right)}{\pi^{\frac{p}{2}}\Gamma(m+1)}(1-u)^m$	$m>-1$
Pearson Ⅲ类	$\dfrac{\Gamma(m)}{\Gamma\left(m-\dfrac{p}{2}\right)\pi^{\frac{p}{2}}}\lvert\Sigma\rvert^{-\frac{1}{2}}$ $\left[1-(z-\mu)^T\Sigma^{-1}(z-\mu)\right]^{-m}$	$\dfrac{\Gamma(m)}{\Gamma\left(m-\dfrac{p}{2}\right)\pi^{\frac{p}{2}}}\left(1+\dfrac{u}{m}\right)^{-N}$	$N>1$ $m>0$

（3）混合 Copula。混合 Copula 实质上是把一些形式不同的 Copula 函数通过某种方法组合在一起，形成一种与实际情况更为匹配的联合分布。它可以描述非对称的更为复杂的变量相关结构，比起单个 Copula 函数更具有研究的意义。

假设有 k 个不同相依性的 Copula 函数 $C_1(u_1,u_2;\theta_1)$，$C_2(u_1,u_2;\theta_2)$，…，$C_d(u_1,u_2;\theta_d)$，则它们的凸线性组合也是 Copula 函数，即

$$C_{mix}(u_1,u_2;\Theta)=\sum_{i=1}^{k}\omega_iC_i(u_1,u_2;\theta_i) \tag{7.19}$$

式中：$0<\omega_i<1$，$i=1,2,\cdots,k$；$\Theta=(\theta_1,\theta_2,\cdots,\theta_k,\omega_1,\omega_2,\cdots,\bar{\omega}_k)$。

其密度函数为

$$C_{mix}(u_1,u_2;\Theta)=\frac{\sum\limits_{i=1}^{k}\omega_iC_i(u_1,u_2;\theta_i)}{\partial u_1\partial u_2}=\sum_{i=1}^{k}\omega_ic_i(u_1,u_2;\theta_i) \tag{7.20}$$

其中，$c_i(u_1,u_2;\theta_1)$ 为 $C_i(u_1,u_2;\theta_1)$ 的密度函数。

7.2.3　参数估计及验证

（1）参数估计。Copula 函数常用的参数估计法有相关性指标法、极大似然法、核密度估计法等。本书对于二维对于 Archimedean Copula 采用相关性指标法，对三维对称 Archimedean Copula，采用极大似然法进行参数估计。

1）相关性指标法。相关性指标法是根据 Copula 函数的 Kendall τ_n 和 Copula 参数间的关系得出 Copula 参数。常见阿基米德 Copula 的参数与 Kendall τ_n 关系见表 7.4。

表 7.4　　　　　　　　　　　阿基米德 Copula 的参数与 Kendall τ_n 关系

Copula	τ_n	τ_n 区间
Gumbel – Hougaard	$1-\dfrac{1}{\theta}$	$[0,1]$
Clayton	$\dfrac{\theta}{\theta+2}$	$[-1,1]\backslash\{0\}$
Frank	$1+\dfrac{4}{\theta}\left(\dfrac{1}{\theta}\displaystyle\int_0^\theta \dfrac{t}{e^t-1}dt-1\right)$	$[-1,1]\backslash\{0\}$
Ali – Mikhail – Haq	$\left(1-\dfrac{2}{3\theta}\right)-\dfrac{2}{3}\left(1-\dfrac{1}{\theta}\right)^2\ln(1-\theta)$	$[-0.181726,1/3]$

2）极大似然法。极大似然法基本思想是认为已发生事件的概率较大，使事件发生的概率达到最大的参数即为估计的参数。设 d 个单变量分布 F_{xi}，样本长度为 n，$\alpha_i=1$，$2,\cdots,d$ 为边际分布 F_{xi} 的参数向量，θ 为 Copula 参数向量。

极大似然法参数估计步骤如下：

a. 建立边际分布对数似然函数。

$$L(\alpha_i)=\sum_{t=1}^n \ln f_i(x_{it},\alpha_i) \tag{7.21}$$

b. 求解边际分布参数。

令

$$\frac{\partial L(\alpha_i)}{\partial \alpha_i}=0 \tag{7.22}$$

计算得 $(a_1,\cdots,a_d)$。

c. 建立 Copula 对数似然函数。

$$L(\Theta)=\sum_{t=1}^n \ln\left[f(x_{1t},\cdots,x_{dt})\right]=\sum_{t=1}^n \ln\left[c(F_{X1}(x_1),\cdots,F_{xd}(x_d);\boldsymbol{\theta})\prod_{i=1}^n f_i(x_i)\right]$$

$$=\sum_{t=1}^n \ln c(F_{X1}(x_1),\cdots,F_{Xd}(x_d);\boldsymbol{\theta})+\sum_{i=1}^d\sum_{t=1}^n \ln f_i(x_{it}) \tag{7.23}$$

d. 求解 Copula 参数。

$$\frac{\partial L(\Theta)}{\partial \boldsymbol{\theta}}=0 \tag{7.24}$$

（2）拟合优度评价。拟合优度评价实质上是对模型拟合程度优劣的评价，常见的方法有均方根误差法、AIC 法和 BIC 法。

1）均方根误差法（the root mean square error，RMSE）。RMSE 法通过计算其理论值与实际值的偏差的平方与观测次数 n 的比值的平方根，对理论值与实际值的特大或特小偏差非常敏感，能够较好地反映出模型的拟合程度。

$$\text{RMSE}=\sqrt{\frac{1}{n}\sum_{i=1}^n \left[F(x_i)-F_0(x_i)\right]^2} \tag{7.25}$$

式中：$F(x)$ 为理论分布函数；$F_0(x)$ 为经验分布函数；n 为样本容量。

118

2）AIC 法（akaike information criterial）。AIC 法由日本统计学家赤池弘次创立，又称赤池信息准则。将极大似然法与最大熵原理结合，推到出最佳模型的选择准则，定义为

$$\mathrm{AIC} = n\ln(\mathrm{MSE}) + 2m \tag{7.26}$$

式中：$\mathrm{MSE} = E(F - F_0)^2 = \dfrac{1}{n-m}\sum_{i=1}^{n}[f(i) - f_0(i)]^2$；$m$ 为 Copula 函数参数的数量；f 与 f_0 分别为 F 与 F_0 的密度函数。

3）BIC 法（Bayesian information criterial）。BIC 法又称贝叶斯信息准则法，计算公式如下：

$$\mathrm{BIC} = n\ln(\mathrm{MSE}) + m\ln n \tag{7.27}$$

式中字母含义同公式（7.26）。

以 RMSE、AIC、BIC 值最小为原则选择拟合度较好的分布函数。

（3）拟合度检验。本文采用 CPI Rosenblatt 转换法进行 Copula 模型拟合度检验，根据 CPI Rosenblatt 转换法基本原理，具体步骤如下：

1）原假设 H_0：$(X_1$、X_2、$X_3)$ 具有 $C(F_{X_1}(x_1), F_{X_2}(x_2), F_{X_3}(x_3)) = C(u_1, u_2, u_3)$。

2）选择 A_n 统计量，显著性水平为 α，对应临界值 $A_{n,a}$。

3）计算样本统计量的观测值。

a. 估计边际分布参数，计算边际经验分布。

b. 计算 $S_{(3)}$。$S_{(3)}$ 计算公式如下：

$$\begin{aligned}
\hat{S}_{(3)} &= \hat{S}(X_1, X_2, X_3) \\
&= [\Phi^{-1}(\hat{F}_{X_1}(x_1))]^2 + [\Phi^{-1}(C(\hat{F}_{X_2}(x_2)|\hat{F}_{X_1}(x_1)))]^2 \\
&\quad + [\Phi^{-1}(C(\hat{F}_{X_3}(x_3)|\hat{F}_{X_1}(x_1)\hat{F}_{X_2}(x_2)))]^2
\end{aligned} \tag{7.28}$$

式中：Φ^{-1} 为标准正态分布的逆函数；$\hat{S}_{(3)}$ 服从 χ_3^2 分布。

c. 计算样本统计量 D_n。D_n 计算公式如下：

$$D_n = \max_{1 \leqslant i \leqslant n}\left(\frac{i}{n} - F_0(S_j), F_0(S_j) - \frac{i-1}{n}\right) \tag{7.29}$$

式中：F_0 服从 χ_3^2 分布，并且 $F_0(S_j)$ 从小到大进行排序。

4）比较 A_n 与 $A_{n,a}$，若 $A_{n,a} \geqslant A_n$ 则接受 H_0，否则拒绝 H_0。

7.2.4　重现期与条件重现期

（1）重现期。重现期是指事件 A 发生的平均时间间隔，即频率的倒数。

设随机变量 X_1，X_2，X_3 的有分布函数 $F_{X_1}(x_1) = P(X_1^3 x_1)$，$F_{X_2}(x_2) = P(X_1^3 x_1)$，$F_{X_2}(x_2) = P(X_1^3 x_1)$。

则一维随机变量 X_1 的重现期为

$$T_{X_1} = \frac{1}{1 - F_{X_1}(x_1)} \tag{7.30}$$

二维随机变量 $(X_1 > x_1，X_2 > x_2)$ 的联合重现期为

$$T_{X_2} = \frac{1}{1 + F_{X_1 X_2}(x_1, x_2) - F_{X_1}(x_1) - F_{X_2}(x_2)} \tag{7.31}$$

其中 $F_{X_1 X_2}(x_1, x_2)$ 为变量 X_1，X_2 的二维联合分布。

三维随机变量 $(X_1 > x_1, X_2 > x_2, X_3 > x_3)$ 的联合重现期为

$$T_{X_2} = \frac{1}{P(X_1 > x_1, X_2 > x_2, X_3 > x_3)}$$

$$= \frac{1}{1 - F_{X_1}(x_1) - F_{X_2}(x_2) - F_{X_3}(x_3) + F_{X_1 X_2}(x_1, x_2) + F_{X_2 X_3}(x_2, x_3) + F_{X_1 X_3}(x_1, x_3) - F_{X_1 X_2 X_3}(x_1, x_2, x_3)} \tag{7.32}$$

（2）条件重新期。

1）二维条件重现期。对二维变量 X_1，X_2，在 $X_1 = x_1$ 条件下，事件 $X_2 > x_2$，$X_2 \leqslant x_2$ 的条件概率分别为

$$T(X_2 > x_2 | X_1 = x_1) = \frac{1}{F(X_2 > x_2 | X_1 = x_1)} = \frac{1}{1 - C(X_2 \leqslant x_2 | X_1 = x_1)} \tag{7.33}$$

$$T(X_2 \leqslant x_2 | X_1 = x_1) = \frac{1}{F(X_2 \leqslant x_2 | X_1 = x_1)} = \frac{1}{C(X_2 \leqslant x_2 | X_1 = x_1)} \tag{7.34}$$

$$C(X_2 \leqslant x_2 | X_1 = x_1) = \frac{\partial}{\partial X_2} C(X_1, X_2) |_{X_1 = x_1} \tag{7.35}$$

在 $X_1 \leqslant x_1$ 条件下，事件 $X_2 > x_2$，$X_2 \leqslant x_2$ 的条件重现期分别为

$$T(X_2 > x_2 | X_1 \leqslant x_1) = \frac{1}{F(X_2 > x_2 | X_1 \leqslant x_1)} = \frac{1}{1 - C(X_2 \leqslant x_2 | X_1 \leqslant x_1)} \tag{7.36}$$

$$T(X_2 \leqslant x_2 | X_1 \leqslant x_1) = \frac{1}{F(X_2 \leqslant x_2 | X_1 \leqslant x_1)} = \frac{1}{C(X_2 \leqslant x_2 | X_1 \leqslant x_1)} \tag{7.37}$$

$$C(X_2 \leqslant x_2 | X_1 \leqslant x_1) = \frac{C(X_1, X_2)}{F_{X_1}(x_1)} \tag{7.38}$$

同理可得 $X_2 = x_2$ 或 $X_2 \leqslant x_2$ 条件下的条件重现期。

2）三维条件重现期。对三维变量，在 $X_3 = x_3$ 条件下，事件 $X_1 > x_1$、$X_2 > x_2$ 的重现期为

$$T(X_1 > x_1, X_2 > x_2 | X_3 = x_3) = \frac{1}{F(X_1 > x_1, X_2 > x_2 | X_3 = x_3)}$$

$$= \frac{1}{1 - C(X_1 \leqslant x_1, X_2 \leqslant x_2 | X_3 = x_3)} \tag{7.39}$$

其中

$$C(X_1 \leqslant x_1, X_2 \leqslant x_2 | X_3 = x_3) = \frac{\partial}{\partial X_3} C(X_1, X_2, X_3) |_{X_3 = x_3} \tag{7.40}$$

在 $X_2 = x_2$，$X_3 = x_3$ 条件下，事件 $X_1 > x_1$ 的重现期为

$$T(X_1 > x_1 | X_2 = x_2, X_3 = x_3) = \frac{1}{1 - C(X_1 \leqslant x_1 | X_2 = x_2, X_3 = x_3)} \tag{7.41}$$

其中

$$C(X_1 \leqslant x_1 \mid X_2 = x_2, X_3 = x_3) = \frac{\dfrac{\partial^2}{\partial X_2 \partial X_3} C(X_1, X_2, X_3)}{\dfrac{\partial^2}{\partial X_2 \partial X_3} C(X_2, X_3)} \Bigg|_{X_2 = x_2, X_3 = x_3} \tag{7.42}$$

在 $X_3 \leqslant x_3$ 条件下，事件 $X_1 > x_1$、$X_2 > x_2$ 的重现期为

$$T(X_1 > x_1, X_2 > x_2 \mid X_3 \leqslant x_3) = \frac{1}{F(X_1 > x_1, X_2 > x_2 \mid X_3 \leqslant x_3)}$$
$$= \frac{1}{1 - C(X_1 \leqslant x_1, X_2 \leqslant x_2 \mid X_3 \leqslant x_3)} \tag{7.43}$$

其中

$$C(X_1 \leqslant x_1, X_2 \leqslant x_2 \mid X_3 \leqslant x_3) = \frac{C(x_1, x_2, x_3)}{F_{X_3}(x_3)} \tag{7.44}$$

在 $X_2 \leqslant x_2$，$X_3 \leqslant x_3$ 条件下，事件 $X_1 > x_1$ 的重现期为

$$T(X_1 > x_1 \mid X_3 \leqslant x_3, X_2 \leqslant x_2) = \frac{1}{F(X_1 > x_1 \mid X_3 \leqslant x_3, X_2 \leqslant x_2)}$$
$$= \frac{1}{1 - C(X_1 \leqslant x_1 \mid X_2 \leqslant x_2, X_3 \leqslant x_3)} \tag{7.45}$$

其中

$$C(X_1 \leqslant x_1 \mid X_2 \leqslant x_2, X_3 \leqslant x_3) = \frac{C(x_1, x_2, x_3)}{C(x_2, x_3)} \tag{7.46}$$

7.3 秦淮河流域城市化下的洪灾风险对比

选取 1986—2006 年秦淮河流域与最大出口总流量相对应的降水资料，并获取其在 HEC 水文模型及水力模型下的模拟结果。

7.3.1 城市化下的洪灾风险分析

（1）边际分布建立。对洪峰、洪量、洪水位分别先建立其对应的边际分布，采用极大似然法进行参数估计。洪峰、洪量、洪水位对应皮尔逊Ⅲ型分布（P-Ⅲ分布）、极值分布（GEV）、两参数对数正态分布（ln2）的参数估算值见表 7.5，各边际分布的理论频率与经验频率关系如图 7.3~图 7.5 所示。结合秦淮河流域历史资料可知，1991 年及 2003 年均发生流域性特大洪水，因此将这两年的资料作为特殊点，排频计算时先不考虑，确定线型后再计算其频率。

表 7.5　　　　　　　　　　　　边际分布参数估算表

致灾因子	分布函数	位置参数	尺度参数	形状参数
洪量	P-Ⅲ	71.859	0.014	0.770
	GEV	72.601	44.914	−0.053
	ln2	4.346	0.742	

致灾因子	分布函数	位置参数	尺度参数	形状参数
洪峰	P-Ⅲ	−285.172	0.006	5.536
	GEV	424.664	263.837	0.048
	ln2	6.081	0.656	
洪水位	P-Ⅲ	0.744	2.899	18.108
	GEV	6.486	1.353	−0.601
	ln2	1.888	0.185	

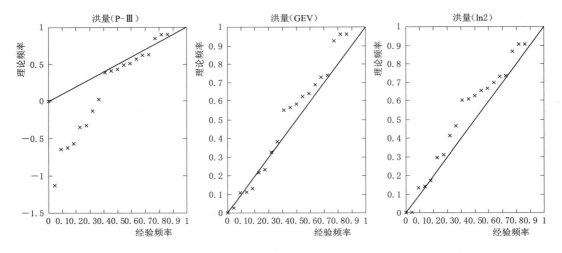

图 7.3　洪量 Q-Q 图

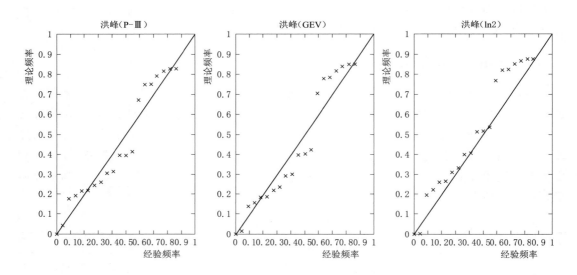

图 7.4　洪峰 Q-Q 图

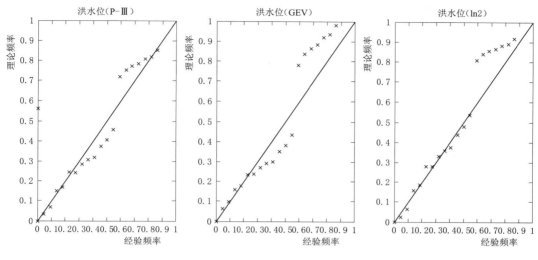

图 7.5　洪水位 Q - Q 图

由图 7.3～图 7.5 可以看出，除洪量的 P-Ⅲ分布外，其余各边际分布理论频率点在 45°斜线附近，说明拟合程度较好。采用 KS 检验法对各边际分布进行拟合度检验，各边际分布统计量即不同显著性水平 α 对应 KS 临界值见表 7.6。如表 7.6 所示，洪峰对应的 P-Ⅲ分布、GEV 分布、ln2 分布统计量分别为 0.131、0.142、0.185，对显著性水平 $\alpha=0.10$，临界值 $D_{n,0.10}$ 为 0.344，P-Ⅲ分布、GEV 分布、ln2 分布统计量均小于临界值 $D_{n,0.10}$，因此可以认为洪量符合 P-Ⅲ分布、GEV 分布、ln2 分布。洪量、洪水位的 P-Ⅲ分布、GEV 分布、ln2 分布也均能通过检验。

表 7.6 　　　　　　　　　　　各边际分布 KS 拟合检验

致灾因子	P-Ⅲ	GEV	ln2	显著性水平				
				0.20	0.15	0.10	0.05	0.01
洪量	1.168	0.152	0.195	0.227	0.241	0.259	0.289	0.349
洪峰	0.131	0.142	0.185					
洪水位	0.129	0.198	0.217					

结合图 7.3～图 7.5 及 KS 拟合检验结果，洪量、洪峰、洪水位边际分布分别选择 ln2 分布、P-Ⅲ分布、P-Ⅲ分布。1986—2006 年，在无圩垸条件下模拟的秦淮河流域各风险变量的频率分析结果见表 7.7。

表 7.7 　　　　　　　　　　　无圩垸工况下风险变量频率分析

年 份	频 率			重 现 期		
	洪量	洪峰	洪水位	洪量	洪峰	洪水位
1986	0.2142	0.1751	0.2456	1.3	1.2	1.3
1987	0.8249	0.9050	0.8179	5.7	10.5	5.5
1988	0.3130	0.3114	0.3195	1.5	1.5	1.5

年 份	频 率			重 现 期		
	洪量	洪峰	洪水位	洪量	洪峰	洪水位
1989	0.7905	0.7348	0.7733	4.8	3.8	4.4
1990	0.2597	0.4146	0.2856	1.4	1.7	1.4
1991	0.9597	0.9816	0.9711	24.8	54.2	34.6
1992	0.1760	0.6043	0.1497	1.2	2.5	1.2
1993	0.2171	0.1436	0.2456	1.3	1.2	1.3
1994	0.1906	0.1370	0.1715	1.2	1.2	1.2
1995	0.8136	0.7283	0.7860	5.4	3.7	4.7
1996	0.7514	0.9038	0.7543	4.0	10.4	4.1
1997	0.2452	0.4654	0.0730	1.3	1.9	1.1
1998	0.3974	0.7006	0.4068	1.7	3.3	1.7
1999	0.6699	0.6680	0.8082	3.0	3.0	5.2
2000	0.3948	0.6562	0.3764	1.7	2.9	1.6
2001	0.0437	0.0025	0.0338	1.0	1.0	1.0
2002	0.8271	0.8699	0.8532	5.8	7.7	6.8
2003	0.9423	0.9930	0.9114	17.3	143.3	11.3
2004	0.7468	0.6273	0.7197	3.9	2.7	3.6
2005	0.3061	0.2955	0.3090	1.4	1.4	1.4
2006	0.4143	0.6140	0.4570	1.7	2.6	1.8

（2）Copula 参数估计及检验。

1）参数估计。三维 Archimeandean Copula 函数的边际分布已知，且仅有一个参数，一般采用极大似然法估计参数。经计算，G - H Copula、Clayton Copula、Frank Copula 对应参数 θ 分别为 3.75、1.88、13.67。采用 RMSE、AIC、BIC 法进行拟合优度计算，RMSE、AIC、BIC 值越小代表拟合度越好，结果见表 7.8。从图 7.6 中同样可以看出三种 Copula 函数与经验频率拟合程度。基于拟合结果选择 Frank Copula 作为洪灾综合风险度计算模型。

表 7.8　　　　　　　　　　　拟 合 优 度 计 算

Copula	参 数 θ	RMSE	AIC	BIC
G - H	3.75	0.36	−35.57	−34.62
Clayton	1.88	0.18	−60.78	−59.84
Frank	13.67	0.07	−96.79	−95.84

2）拟合检验。根据拟合度检验结果，洪量、洪峰、洪水位的联合分布统计量 $A_n =$ 0.2163。AD 检验对于一些简单分布如高斯分布、指数分布，有些学者已给出了参数已知

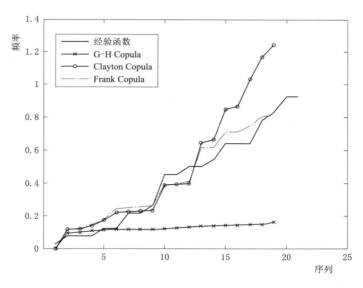

图 7.6 经验函数与理论函数拟合图

的固定临界值表，但是对于复杂分布函数，需要根据分布及其参数计算临界值，其流程如图 7.7 所示。

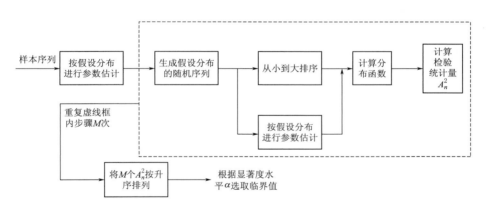

图 7.7 Anderson Darling 检验临界值估计流程图

获取 AD 检验统计量临界值步骤如下：

1）根据样本估计 Frank Copula 函数参数，采用 CPI Rosenblatt 模拟 Frank Copula 函数，生成 n 对随机样本。

2）根据随机样本序列重新估计 Frank Copula 函数的参数值。

3）按式（7.28）计算 S，$i = 1, 2, \cdots, n$ 进行升序排序，并按式（7.29）计算检验统计量。

4）重复上述步骤 1）～3）N 次，可得到一组检验统计量值，通过排频确定临界检验值。

根据以上步骤，计算了 10000 次样本容量为 21 的 AD 检验统计量，进行排频后得到不同显著性水平的 Frank Copula 函数的临界值见表 7.9。

表 7.9   AD 统 计 量 临 界 值

样本容量	显 著 性 水 平				
	0.20	0.15	0.10	0.05	0.01
21	1.4239	1.9448	0.967	2.4897	3.86

洪量、洪峰、洪水位的联合分布统计量 A_n 小于表中任意值，因此 Frank Copula 分布通过拟合检验。

（3）风险计算与分析。计算联合频率及同现重现期，洪量、洪峰、洪水位三者的联合频率计算结果见表 7.10。频率介于 0 与 1 之间，频率值越接近 1，代表风险越高，频率值越接近 0，代表风险越低。由表 7.10 可以看出，1991 年秦淮河流域洪量、洪峰、洪水位频率均超过 0.9，三者联合频率为 0.9328，洪灾风险非常高。历史资料也显示，1991 年秦淮河流域爆发了特大流域性洪水灾害，主要原因是长江流域连续长时间暴雨产生的洪水与秦淮河及其上游地区普降暴雨所产生的洪水相遇，长江水位高涨，秦淮河流域排水不畅，致使水位持续超过警戒水位，与计算结果一致。其次是 2003 年，洪量、洪峰、洪水位频率均超过 0.9，但三者联合频率为 0.8874，洪灾风险仅次于 1991 年。

表 7.10   秦淮河流域无圩垸工况下洪灾风险

年 份	洪 量	洪 峰	洪 水 位	联合频率	联合重现期
1986	0.2142	0.1751	0.2456	0.1297	1.15
1987	0.8249	0.9050	0.8179	0.7655	4.26
1988	0.3130	0.3114	0.3195	0.2352	1.31
1989	0.7905	0.7348	0.7733	0.6839	3.16
1990	0.2597	0.4146	0.2856	0.2169	1.28
1991	0.9597	0.9816	0.9711	0.9328	14.88
1992	0.1760	0.6043	0.1497	0.1149	1.13
1993	0.2171	0.1436	0.2456	0.1131	1.13
1994	0.1906	0.1370	0.1715	0.0902	1.10
1995	0.8136	0.7283	0.7860	0.6887	3.21
1996	0.7514	0.9038	0.7543	0.7000	3.33
1997	0.2452	0.4654	0.0730	0.0686	1.07
1998	0.3974	0.7006	0.4068	0.3508	1.54
1999	0.6699	0.6680	0.8082	0.6137	2.59
2000	0.3948	0.6562	0.3764	0.3336	1.50
2001	0.0437	0.0025	0.0338	0.0004	1.00
2002	0.8271	0.8699	0.8532	0.7739	4.42
2003	0.9423	0.9930	0.9114	0.8874	8.88

年　份	洪　量	洪　峰	洪水位	联合频率	联合重现期
2004	0.7468	0.6273	0.7197	0.5994	2.50
2005	0.3061	0.2955	0.3090	0.2241	1.29
2006	0.4143	0.6140	0.4570	0.3790	1.61

　　根据公式计算洪量等于特定值的条件概率，绘制洪量等于不同特定值的条件概率，如图 7.8 所示。当洪量为 20 年一遇时，洪峰超过 1000m³/s，洪水位超过 10m 的概率为 0.75，如图 7.8(a) 所示。当洪量为 10 年一遇时，洪峰超过 1000m³/s，洪水位超过 10m 的概率为 0.6，如图 7.8(b) 所示。当洪量为 5 年一遇时，洪峰超过 1000m³/s，洪水位超过 10m 的概率为 0.28，如图 7.8(c) 所示。

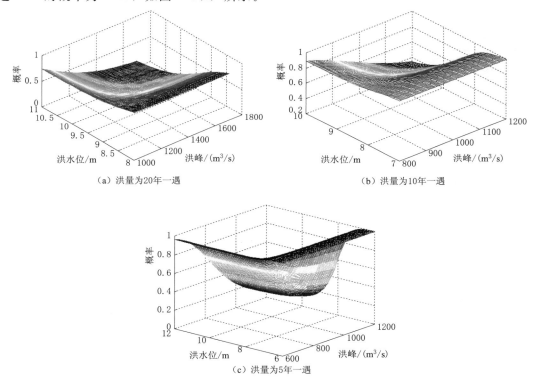

（a）洪量为20年一遇　　　　　　　　（b）洪量为10年一遇

（c）洪量为5年一遇

图 7.8　洪量为特定值的条件概率

7.3.2　城市化下考虑圩垸防洪模式的洪灾风险分析

　　（1）边际分布建立。首先对洪峰、洪量、洪水位建立其对应的边际分布，采用极大似然法进行参数估计。洪峰、洪量、洪水位对应不同分布（皮尔逊 3 型分布、极值分布、两参数对数正态分布）的参数估计值见表 7.11。采用 KS 检验法对各边际分布进行拟合度检验，检验结果见表 7.12。各分布均能通过检验，综合图及拟合结果，分别采用 P - Ⅲ、GEV、ln2 分布描述洪量、洪峰、洪水位的边际分布。

表 7.11 有圩垸工况下边际分布参数估算表

致灾因子	分布函数	位置参数	尺度参数	形状参数
洪量	P-Ⅲ	-11.75	0.014	0.770
	GEV	84.977	51.541	-0.060
	ln2	4.536	0.685	
洪峰	P-Ⅲ	-120.789	0.006	5.536
	GEV	526.581	301.263	0.088
	ln2	6.325	0.586	
洪水位	P-Ⅲ	-1.310	2.899	18.108
	GEV	7.358	1.355	-0.584
	ln2	2.016	0.166	

表 7.12 有圩垸工况下各边际分布 KS 拟合检验

致灾因子	P-Ⅲ	GEV	ln2	显著性水平				
				0.20	0.15	0.10	0.05	0.01
洪量	0.160	0.178	0.195	0.227	0.241	0.259	0.289	0.349
洪峰	0.181	0.165	0.191					
洪水位	0.212	0.203	0.219					

（2）Copula 参数估计及检验。计算方法步骤同无圩垸工况。经计算，G-H Copula、Clayton Copula、Frank Copula 对应参数 θ 分别为 2.94、3.07、10.39。采用 RMSE、AIC、BIC 法进行拟合优度计算，结果见表 7.13。作三种 Copula 函数与经验频率拟合图如图 7.9 所示。基于拟合结果选择 Clayton Copula 作为有圩垸工况下洪灾综合风险计算模型。经计算，有圩垸工况下，历年洪灾综合风险见表 7.14。

表 7.13 有圩垸工况下拟合优度计算

Copula	参数 θ	RMSE	AIC	BIC
G-H	2.94	0.33	-38.29	-37.34
Clayton	3.07	0.31	-41.06	-40.11
Frank	10.39	0.33	-39.38	-38.45

表 7.14 秦淮河流域有圩垸工况下洪灾风险

年份	洪量	洪峰	洪水位	联合频率	同现重新期
1986	0.2858	0.2546	0.2976	0.1942	1.24
1987	0.8417	0.8186	0.8477	0.6841	3.17
1988	0.2411	0.2209	0.3378	0.1757	1.21
1989	0.6593	0.8394	0.9164	0.6077	2.55
1990	0.4317	0.2042	0.2014	0.1596	1.19
1991	0.9674	0.9696	0.9854	0.9292	14.13

年 份	洪量	洪 峰	洪水位	联合频率	同现重新期
1992	0.5549	0.1364	0.1861	0.1223	1.14
1993	0.2675	0.2465	0.2648	0.1815	1.22
1994	0.2557	0.2564	0.4049	0.1975	1.25
1995	0.6531	0.8556	0.8095	0.5835	2.40
1996	0.8406	0.7213	0.8659	0.6373	2.76
1997	0.4633	0.2306	0.2945	0.1991	1.25
1998	0.6316	0.3160	0.3222	0.2519	1.34
1999	0.6029	0.7235	0.8937	0.5344	2.15
2000	0.5967	0.3347	0.4243	0.2881	1.40
2001	0.0947	0.0133	0.0078	0.0073	1.01
2002	0.8484	0.8949	0.8797	0.7376	3.81
2003	0.9893	0.9096	0.9248	0.8507	6.70
2004	0.5737	0.7798	0.8332	0.5208	2.09
2005	0.3625	0.2821	0.2796	0.2106	1.27
2006	0.5634	0.4420	0.4794	0.3474	1.53

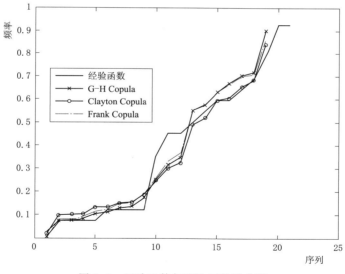

图 7.9　经验函数与理论函数拟合图

7.3.3　有无圩垸风险计算与对比

图 7.10(a) 为有、无圩垸工况下洪量（Q）的超过概率曲线 $[P(Q \geqslant q)]$，图 7.10 (b) 为有、无圩垸工况下洪峰（P'）的超过概率曲线 $[P(P' \geqslant p')]$，图 7.10(c) 为有、无圩垸工况下洪水位（Z）的超过概率曲线 $[P(Z \geqslant z)]$。由图 7.10 可知，有圩垸工况下

发生洪量超过 300m³ 的概率大于无圩垸工况，有圩垸工况下发生洪峰超过 1000m³/s 的概率大于无圩垸工况，有圩垸工况下发生洪水位超过 8m 的概率大于无圩垸工况。即大部分情况下，有圩垸超过某一风险值的概率大于无圩垸，即圩垸的修筑一定程度上增加了洪灾的风险。但当洪量、洪峰、洪水位数值的较大时，两者的超过概率差距变小。

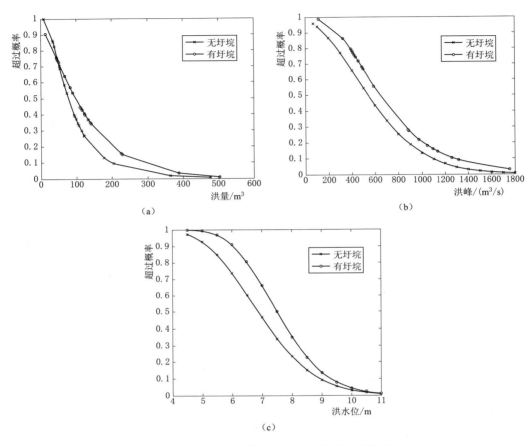

图 7.10　有、无圩垸工况下风险因素超过概率

　　根据有、无圩垸的边际分布及联合分布，假定洪量、洪峰、洪水位为同频率，计算比较不同重现期下各风险因素值，结果见表 7.15。相同重现期下，有圩垸工况下的洪峰、洪量、洪水位的设计值均大于无圩垸工况。

表 7.15　　　　　　　　　　　不同重新期下洪量、洪峰、洪水位设计值

重现期 T	无　圩　垸			有　圩　垸		
	Q	P	Z	Q	P	Z
20	348.87	1499.48	10.32	446.63	1966.99	10.62
50	464.09	1739.62	11.1	536.92	2377.69	11.26
100	553.23	1893.08	11.6	604.24	2684.1	11.68
200	645.8	2023.91	12.02	665.99	2514.65	12.11
500	853.21	2156.82	12.51	750.77	3307.1	12.54

依据式（7.43）分别计算有、无圩垸工况下当洪量小于 $200m^3$、$350m^3$、$500m^3$ 的条件概率 $F(P'>p, Z>z \mid Q\leqslant q)$，如图 7.11 所示。有圩垸工况下，当洪量小于 $200m^3$，洪水位超过 10.8m［《南京城市防洪规划报告（2011—2020）》（以下简称《规划》）中东山站 20 年一遇规划水位］，洪峰超过 $1463m^3/s$（《规划》中入江口 20 年一遇规划洪峰流量）的条件概率为 0.0551，无圩垸工况下为 0.0086，当洪量小于 $350m^3$ 时，洪水位超过10.8m，洪峰超过 $1463m^3/s$ 的条件概率为 0.0691，无圩垸工况下为 0.0456，当洪量小于 $500m^3$ 时，洪水位超过 10.8m，洪峰超过 $1463m^3/s$ 的条件概率为 0.0720，无圩垸为 0.0627。当洪量分别小于 $200m^3$、$350m^3$、$500m^3$ 时，有圩垸工况下洪峰、洪水位的条件概率均大于无圩垸，但随着洪量量级的增加，二者的条件概率差距在缩小。

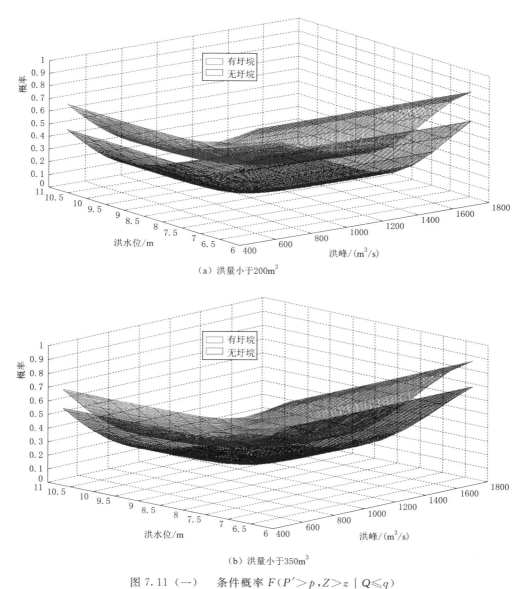

（a）洪量小于 $200m^3$

（b）洪量小于 $350m^3$

图 7.11（一）　条件概率 $F(P'>p, Z>z \mid Q\leqslant q)$

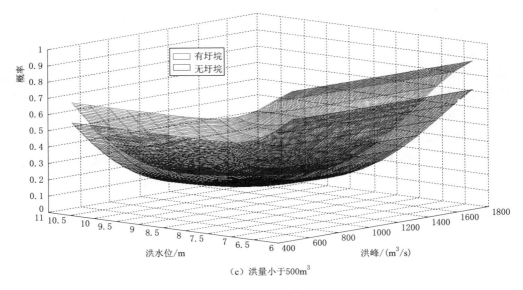

（c）洪量小于500m³

图 7.11（二）　条件概率 $F(P'>p, Z>z \mid Q \leqslant q)$

7.4　小结

本章介绍了洪灾风险的定义及本文进行洪灾风险分析的方法——多维概率风险模型。详细介绍了基于 Copula 函数的多维风险模型理论及计算方法。运用前面章节建立的 HEC 水文模型得到秦淮河流域有、无城市圩垸的洪水数据，对城市圩垸的洪灾风险进行分析。分析结果总结如下：

（1）无圩垸工况下洪灾风险建立。无圩垸工况下，洪量、洪峰、洪水位分别对应边际分布 ln2 分布、GEV、P-Ⅲ分布，经过拟合检验，拟合程度较好的依次是 Frank Copula、Clayton Copula、G-H Copula，联合风险模型选择 Frank Copula。计算结果显示，1991年综合风险最高，2003 年次之。

（2）有圩垸工况下洪灾风险建立。有圩垸工况下，洪量、洪峰、洪水位分别对应边际分布 P-Ⅲ分布、GEV 分布、ln2 分布，经过拟合检验，拟合程度较好的依次是 Clayton Copula、Frank Copula、G-H Copula，联合风险模型选择 Clayton Copula。计算结果显示，1991 年综合风险最高，2003 年次之。

（3）有、无圩垸的洪灾风险对比分析。对某一量级的洪量，秦淮河流域城市圩垸发生超过该量级洪量洪水的概率大于无圩垸工况下。洪水位、洪峰的超过概率亦如此。当洪量、洪峰、洪水位数值的较大时，两者的超过概率差距变小。即圩垸的修筑一定程度上增加了洪灾的风险，但对大规模洪水的影响程度较小。根据联合风险模型，在洪量相同的情况下，有圩垸的工况比无圩垸工况计算的洪灾风险更大，因此，相同重现期下，有圩垸工况的防洪标准设计值也相应增大。

参 考 文 献

［ 1 ］ WIITALA S W. Some aspects of the effect of urban and suburban development upon runoff ［R］. Quezon：Open－File Report，1961.

［ 2 ］ HAMMER T R. Stream channel enlargement due to urbanization ［J］. Water Resources Research，1972，8 (6)：1530－1540.

［ 3 ］ HOLLIS G E. The effect of urbanization on floods of different recurrence interval ［J］. Water Resources Research，1975，11 (3)：431－435.

［ 4 ］ KLEIN R D. Urbanization and stream quality impairment ［J］. Journal of the American Water Resources Association，1979，15 (4)：948－963.

［ 5 ］ NG H，MARSALEK J. Sensitivity of streamflow simulation to changes in climatic inputs ［J］. Nordic Hydrology，1992，23 (4)：257－272.

［ 6 ］ ROSE S，PETERS N E. Effects of urbanization on streamflow in the Atlanta area (Georgia，USA)：a comparative hydrological approach ［J］. Hydrological Processes，2001，15 (8)：1441－1457.

［ 7 ］ JENNINGS D B，JARNAGIN S T. Changes in anthropogenic impervious surfaces，precipitation and daily streamflow discharge：a historical perspective in a mid－atlantic subwatershed ［J］. Landscape Ecology，2002，17 (5)：471－489.

［ 8 ］ KIM S. The characteristics and impacts of imperviousness from a GIS－based hydrological perspective ［D］. Maryland University，2005.

［ 9 ］ BRANDES D，CAVALLO G J，NILSON M L. Base flow trends in urbanizing watersheds of the Delaware River Basin ［J］. Journal of the American Water Resources Association，2005，41 (6)：1377－1391.

［10］ WHITE M D，GREER K A. The effects of watershed urbanization on the stream hydrology and riparian vegetation of Los Peēasquitos Creek，California ［J］. Landscape and Urban Planning，2006，74 (2)：125－138.

［11］ 申仁淑. 长春市城市化影响效应分析 ［J］. 水文科技信息，1997，14 (3)：39－42.

［12］ 史培军，袁艺，陈晋. 深圳市土地利用变化对流域径流的影响 ［J］. 生态学报，2001 (7)：1041－1049，1217.

［13］ 葛怡，史培军，周俊华，等. 土地利用变化驱动下的上海市区水灾灾情模拟 ［J］. 自然灾害学报，2003，12 (3)：25－30.

［14］ 王建群，张显扬，卢志华. 秦淮河流域数字水文模型及其应用 ［J］. 水利学报，2004 (4)：42－47.

［15］ 韩丽. 流域土地利用变化及水文效应研究 ［D］. 南京：河海大学，2007.

［16］ 王艳君，吕宏军，施雅风，等. 城市化流域的土地利用变化对水文过程的影响——以秦淮河流域为例 ［J］. 自然资源学报，2009，24 (1)：30－36.

［17］ 宋明明，都金康，郑文龙，等. 秦淮河流域近 30 年不透水面景观格局时空演变研究 ［J］. 地球信息科学学报，2017，19 (2)：238－247.

［18］ 司巧灵，杨传国，顾荣直，等. HEC－HMS 模型在城市化流域洪水模拟中的应用 ［J］. 人民长

江，2018，49（4）：17－22.

［19］ 包瑾，李国芳．秦淮河流域城镇化的洪水响应研究［J］．水电能源科学，2020，38（7）：73－77.

［20］ HORTON R E. Erosional development of stream and their drainage basins：hydrophysical approach to quantitative morphology［J］. Geological Society of America Bulletin，1945，56（3）：275－370.

［21］ STRAHLER A N. Hypsometric（area－altitude）analysis of erosional topography［J］. Geological society of America Bulletin，1952，63（11）：1117－1142.

［22］ 孟慧芳．鄞东南平原河网区水系结构与连通变化及其对调蓄能力的影响研究［D］．南京：南京大学，2014.

［23］ TARBOTON D G，BRAS R L，Rodriguez－Iturbe I. The fractal nature of river networks［J］. Water Resources Research，1988，24（8）：1317－1322.

［24］ LA BARBERA P，ROSSO R. On the fractal dimension of stream networks［J］. Water Resources Research，1989，25（4）：735－741.

［25］ CLAPS P，OLIVETO G. Re－examining the determination of the fractal dimension of river networks［J］. Water Resources Research，1996，32：3123－3136.

［26］ 王秀春，吴姗，毕晓丽，等．泾河流域水系分维特征及其生态意义［J］．北京师范大学学报（自然科学版），2004（3）：364－368.

［27］ 马宗伟，许有鹏，钟善锦．水系分形特征对流域径流特性的影响——以赣江中上游流域为例［J］．长江流域资源与环境，2009，18（2）：163－169.

［28］ 范林峰，胡瑞林，张小艳，等．基于 GIS 和 DEM 的水系三维分形计盒维数的计算［J］．地理与地理信息科学，2012，28（6）：28－30.

［29］ 曹华盛，李进林．三峡库区水系形态分形特征及地貌发育指示［J］．科技通报，2016，32（9）：30－34.

［30］ GREGORY K J，DAVIS R J，DOWNS P W. Identification of river channel change to due to urbanization［J］. Applied Geography，1992，12（4）：299－318.

［31］ JORDAN B A，ANNABLE W K，WATSON C C，et al. Contrasting stream stability characteristics in adjacent urban watersheds：Santa Clara Valley，California：Stability characteristics in urban watersheds［J］. River Research and Applications，2010，26（10）：1281－1297.

［32］ 袁雯，杨凯，徐启新．城市化对上海河网结构和功能的发育影响［J］．长江流域资源与环境，2005（2）：133－138.

［33］ 孟飞，刘敏，吴健平，等．高强度人类活动下河网水系时空变化分析——以浦东新区为例［J］．资源科学，2005（6）：156－161.

［34］ 程江，杨凯，赵军，等．上海中心城区河流水系百年变化及影响因素分析［J］．地理科学，2007（1）：85－91.

［35］ 陈云霞，许有鹏，付维军．浙东沿海城镇化对河网水系的影响［J］．水科学进展，2007（1）：68－73.

［36］ 黄奕龙，王仰麟，刘珍环，等．快速城市化地区水系结构变化特征——以深圳市为例［J］．地理研究，2008（5）：1212－1220.

［37］ 凌红波，徐海量，乔木，等．1958—2006 年玛纳斯河流域水系结构时空演变及驱动机制分析［J］．地理科学进展，2010，29（9）：1129－1136.

［38］ 周峰，吕慧华，刘长运．江苏里下河平原城镇化背景下河网水系变化特征分析［J］．南水北调与

水利科技，2018，16（1）：144-150.

［39］ HERRON N，WILSON C. A water balance approach to assessing the hydrologic buffering potential of an alluvial fan ［J］. Water Resources Research，2001，37（2）：341-352.

［40］ PRINGLE C. What is hydrologic connectivity and why is it ecologically important? ［J］. Hydrological Processes，2003，17（13）：2685-2689.

［41］ HOOKE J M. Human impacts on fluvial systems in the Mediterranean region ［J］. Geomorphology，2006，79（3/4）：311-335.

［42］ BRACKEN L J，CROKE J. The concept of hydrological connectivity and its contribution to understanding runoff dominated geomorphic systems. ［J］. Hydrological processes，John Wiley，2007，21（13）：1749-1763.

［43］ GUBIANI É A，GOMES L C，AGOSTINHO A A，et al. Persistence of fish populations in the upper Paraná River：effects of water regulation by dams ［J］. Ecology of Freshwater Fish，2007，16（2）：191-197.

［44］ LASNE E，LEK S，LAFFAILLE P. Patterns in fish assemblages in the Loire floodplain：The role of hydrological connectivity and implications for conservation ［J］. Biological Conservation，2007，139（3）：258-268.

［45］ TURNBULL L，WAINWRIGHT J，BRAZIER R E. A conceptual framework for understanding semi-arid land degradation：ecohydrological interactions across multiple-space and time scales ［J］. Ecohydrology，2008，1（1）：23-34.

［46］ POULTER B，GOODALL J L，HALPIN P N. Applications of network analysis for adaptive management of artificial drainage systems in landscapes vulnerable to sea level rise ［J］. Journal of Hydrology，2008，357（3-4）：207-217.

［47］ LANE S N，REANEY S M，HEATHWAITE A L. Representation of landscape hydrological connectivity using a topographically driven surface flow index ［J］. Water Resources Research，2009，45（8）：2263-2289.

［48］ JENCSO K G，MCGLYNN B L，GOOSEFF M N，et al. Hydrologic connectivity between landscapes and streams：transferring reach-and plot-scale understanding to the catchment scale ［J］. Water Resources Research，2009，45（4）：262-275.

［49］ CUI B，WANG C，TAO W，et al. River channel network design for drought and flood control：A case study of Xiaoqinghe River basin，Jinan City，China ［J］. Journal of Environmental Management，2009，90（11）：3675-3686.

［50］ LESSCHEN J P，SCHOORL J M，CAMMERAAT L H. Modelling runoff and erosion for a semi-arid catchment using a multi-scale approach based on hydrological connectivity ［J］. Geomorphology，2009，109（3-4）：174-183.

［51］ PHILLIPS R W，SPENCE C，POMEROY J W. Connectivity and runoff dynamics in heterogeneous basins ［J］. Hydrological Processes，2011，25（19）：3061-3075.

［52］ KARIM F，KINSEYHENDERSON A，WALLACE J，et al. Modelling wetland connectivity during overbank flooding in a tropical floodplain in north Queensland，Australia ［J］. Hydrological Processes，2012，26（18）：2710-2723.

［53］ JAEGER K L，OLDEN J D. Electrical resistance sensor arrays as a means to quantify longitudinal connectivity of rivers [J]. River Research and Applications，2012，28（10）：1843 – 1852.

［54］ MARTÍNEZ‐CARRERAS N，WETZEL C E，FRENTRESS J，et al. Hydrological connectivity inferred from diatom transport through the riparian‐stream system [J]. Hydrology and Earth System Sciences，2015，19（7）：3133 – 3151.

［55］ 蔡其华. 维护健康长江　促进人水和谐 [J]. 2005 中国水利发展报告，2005.

［56］ 徐宗学，庞博. 科学认识河湖水系连通问题 [J]. 中国水利，2011（16）：13 – 16.

［57］ 张欧阳，熊文，丁洪亮. 长江流域水系连通特征及其影响因素分析 [J]. 人民长江，2010，41（1）：1 – 5，78.

［58］ 唐传利. 关于开展河湖连通研究有关问题的探讨 [J]. 中国水利，2011（6）：86 – 89.

［59］ 王中根，李宗礼，刘昌明，等. 河湖水系连通的理论探讨 [J]. 自然资源学报，2011，26（3）：523 – 529.

［60］ 窦明，崔国韬，左其亭，等. 河湖水系连通的特征分析 [J]. 中国水利，2011（16）：17 – 19.

［61］ 李宗礼，李原园，王中根，等. 河湖水系连通研究：概念框架 [J]. 自然资源学报，2011，26（3）：513 – 522.

［62］ 刘加海. 黑龙江省河湖水系连通战略构想 [J]. 黑龙江水利科技，2011，39（6）：1 – 5.

［63］ 刘述伊. 郑州市生态水系水资源利用分析 [J]. 黑龙江水利科技，2014，42（1）：196 – 197.

［64］ 徐慧，徐向阳，崔广柏. 景观空间结构分析在城市水系规划中的应用 [J]. 水科学进展，2007（1）：108 – 113.

［65］ 李原园，郦建强，李宗礼，等. 河湖水系连通研究的若干问题与挑战 [J]. 资源科学，2011，33（3）：386 – 391.

［66］ 徐光来，许有鹏，王柳艳. 基于水流阻力与图论的河网连通性评价 [J]. 水科学进展，2012，23（6）：776 – 781.

［67］ 邵玉龙. 太湖流域水系结构与连通变化对洪涝的影响研究 [D]. 南京：南京大学，2013.

［68］ 靳梦. 郑州市水系连通的城市化响应研究 [D]. 郑州：郑州大学，2014.

［69］ 杨晓敏. 基于图论的水系连通性评价研究 [D]. 济南：济南大学，2014.

［70］ 窦明，靳梦，张彦，等. 基于城市水功能需求的水系连通指标阈值研究 [J]. 水利学报，2015，46（9）：1089 – 1096.

［71］ 田传冲，陈星，湛忠宇，等. 水量水质系统控制的流域水系连通方案 [J]. 水资源保护，2016，32（2）：30 – 34.

［72］ 高玉琴，肖璇，丁鸣鸣，等. 基于改进图论法的平原河网水系连通性评价 [J]. 水资源保护，2018，34（1）：18 – 23.

［73］ YATES R，WALDRON B，VAN ARSDALE R. Urban effects on flood plain natural hazards：Wolf River，Tennessee，USA [J]. Engineering Geology，2003，70（1）：1 – 15.

［74］ ARNAUD‐FASSETTA G. River channel changes in the Rhone Delta（France）since the end of the Little Ice Age：geomorphological adjustment to hydroclimatic change and natural resource management [J]. CATENA，2003，51（2）：141 – 172.

［75］ JOACHIM K，SVEN A，ACHIM S，et al. Dry Season Runoff and Natural Water Storage Capacity in the High Andean Catchment of the River Ronquillo in the Northern Sierra of Peru [J]. Journal of Latin American Geography，2013，12（3）：59 – 89.

［76］ 王腊春. 太湖水网地区河网调蓄能力分析 [J]. 南京大学学报：自然科学版，1999，35（6）：

712 - 718.

[77] 毛锐. 建国以来太湖流域三次大洪水的比较及对今后治理洪涝的意见 [J]. 湖泊科学，2000 (1)：12 - 18.

[78] 王学雷，A. Gough W，吴宜进. 江汉平原典型区域洪涝调蓄能力估算研究 [J]. 武汉大学学报（理学版），2002 (4)：461 - 465.

[79] 王慧玲，梁杏. 洞庭湖调蓄作用分析 [J]. 地理与地理信息科学，2003 (3)：63 - 66.

[80] 吴作平，杨国录，甘明辉. 湖泊调蓄作用对河网计算的影响 [J]. 水科学进展，2004，15 (5)：603 - 607.

[81] 袁雯，杨凯，唐敏，等. 平原河网地区河流结构特征及其对调蓄能力的影响 [J]. 地理研究，2005 (5)：717 - 724.

[82] 李娜，卢培歌，袁雯. 基于洪涝灾害控制目标的河网结构-调蓄能力情景模拟研究 [J]. 灾害学，2011，26 (3)：46 - 51.

[83] 李世君. 北京张坊岩溶地下水库特征及调蓄能力研究 [D]. 北京：中国地质大学，2012.

[84] 沈洁. 上海浦东新区城市化进程对水系结构、连通性及其调蓄能力的影响研究 [D]. 上海：华东师范大学，2015.

[85] 周峰，吕慧华，许有鹏. 城镇化平原河网区下垫面特征变化及洪涝影响研究 [J]. 长江流域资源与环境，2015，24 (12)：2094 - 2099.

[86] 王跃峰，许有鹏，张倩玉，等. 太湖平原区河网结构变化对调蓄能力的影响 [J]. 地理学报，2016，71 (3)：449 - 458.

[87] MOSCRIP A L，MONTGOMERY D R. MONTGOMERY D. R. Urbanization flood frequency，and salmon abundance in Puget Lowlan Streams [J]. Journal of the American Water Resources Association，1997，33 (6)：1289 - 1297.

[88] IM S，KIM H，KIM C，et al. Assessing the impacts of land use changes on watershed hydrology using MIKE SHE [J]. Environmental Geology，2009，57 (1)：231 - 239.

[89] NIE W，YUAN Y，KEPNER W，et al. Assessing impacts of Landuse and Landcover changes on hydrology for the upper San Pedro watershed [J]. Journal of Hydrology，2011，407 (1 - 4)：105 - 114.

[90] KHARE D，PATRA D，MONDAL A，et al. Impact of landuse/land cover change on run - off in a catchment of Narmada river in India [J]. Applied Geomatics，2015，7 (1)：23 - 35.

[91] NIGUSSIE T A，ALTUNKAYNAK A. Assessing the hydrological response of ayamama watershed from urbanization predicted under various landuse policy scenarios [J]. Water Resources Management，2016，30 (10)：3427 - 3441.

[92] 李丽娟，姜德娟，李九一，等. 土地利用/覆被变化的水文效应研究进展 [J]. 自然资源学报，2007，22 (2)：211 - 224.

[93] 夏军，乔云峰，宋献方，等. 岔巴沟流域不同下垫面对降雨径流关系影响规律分析 [J]. 资源科学，2007，29 (1)：70 - 76.

[94] 陈莹，许有鹏，尹义星. 基于土地利用/覆被情景分析的长期水文效应研究——以西苕溪流域为例 [J]. 自然资源学报，2009，24 (2)：351 - 359.

[95] 史晓亮，李颖，赵凯，等. 诺敏河流域土地利用与覆被变化及其对水文过程的影响 [J]. 水土保持通报，2013，33 (1)：23 - 28.

［96］ 白晓燕，丁华龙，陈晓宏．基于 HSPF 模型的东江流域土地利用变化对径流影响研究 ［J］．灌溉排水学报，2014，33（2）：58－63．

［97］ 王雅，蒙吉军．基于 InVEST 模型的黑河中游土地利用变化水文效应时空分析 ［J］．北京大学学报（自然科学版），2015，51（6）：1157－1165．

［98］ 刘洁，陈晓宏，肖志峰，等．东江流域土地利用变化对径流的影响分析 ［J］．中山大学学报（自然科学版），2015，54（2）：150－158．

［99］ 刘克强，李敏．平原河网地区圩区建设与规划的几点思考 ［J］．水利规划与设计，2009（5）：20－21，54．

［100］ 顾星雨，孙丽娜，陈巍莉．苏州圩区的治理思考 ［J］．安徽农业科学，2010，38（26）：14610－14611．

［101］ 许正甫．平原圩区治涝与内湖综合利用问题 ［J］．自然灾害学报，1992（4）：15－21．

［102］ 高俊峰，韩昌来．太湖地区的圩及其对洪涝的影响 ［J］．湖泊科学，1999（2）：105－109．

［103］ 叶永毅．高标准改造长江中游圩垸，既能分洪又安居富裕 ［J］．中国防汛抗旱，2004（2）：33－37．

［104］ 张仁良．关于杭嘉湖平原河网地区圩区建设与规划的几点思考 ［J］．科技与企业，2015（8）：98－99．

［105］ MANEN S E V，BRINKHUIS M. Quantitative flood risk assessment for Polders ［J］. Reliability Engineering & System Safety，2005，90（2/3）：229－237．

［106］ BREUR K J，NOOYEN R R P V，LEEUWEN P E R M V. Computerized generation of operational strategies for the management of temporary storage of drainage water from several polders in a network of small lakes and canals ［J］. Applied Mathematical Modelling，2009，33（8）：3330－3342．

［107］ BOUWER L M，BUBECK P，AERTS J C J H. Changes in future flood risk due to climate and development in a Dutch polder area ［J］. Global Environmental Change，2010，20（3）：463－471．

［108］ LOUW P G B D，ESSINK G H P O，STUYFZAND P J，et al. Upward groundwater flow in boils as the dominant mechanism of salinization in deep polders，The Netherlands ［J］. Journal of Hydrology，2010，394（3－4）：494－506．

［109］ 范垂仁，李洪尧．暴雨洪水预报方法初深 ［J］．自然灾害学报，1993（3）：26－34．

［110］ 陈家琦，张恭肃．小流域暴雨洪水计算 ［M］．北京：中国工业出版社，1966．

［111］ 赵睿．山丘区小流域暴雨洪水分析计算方法应用研究 ［D］．济南：山东大学，2015．

［112］ 赵士鹏．流域暴雨洪水估算模式评述 ［J］．遥感信息，1992（4）：35－38，47．

［113］ SHERMAN L K. Streamflow from rainfall by the unit - Graph method ［J］. Engineering News Record，1932（108）：501－505．

［114］ CLARK C. Storage and the Unit Hydrograph ［J］. Transactions of the American Society of Civil Engineers，1945，110．

［115］ EDSON，GRANT C. Parameters for relating unit hydrograph to watershed characteristics ［J］. Eos Transactions American Geophysical Union，1951，32（4）：591－596．

［116］ NASH E J. A unit hydrograph study，with particular reference to british catchments ［J］. Ice Proceedings，1960，17（3）：249－282．

［117］ DOOGE J C I. Linear Theory of Hydrologic Systems ［J］. Tech. Bull. ，1973．

[118] 芮孝芳，蒋成煜，张金存．流域水文模型的发展 [J]．水文，2006（3）：22-26.

[119] SINGH V P，WOOLHISER D A. Mathematical Modeling of Watershed Hydrology [J]. Journal of Hydrologic Engineering，2002，7（4）：270-292.

[120] 林平一．小汇水面积暴雨径流计算法 [M]．北京：水利出版社，1956.

[121] 陈家琦，张恭肃．推理公式的应用与改进 [J]．水文，1983（1）：2-9.

[122] 刘苏峡，夏军，莫兴国．无资料流域水文预报（PUB 计划）研究进展 [J]．水利水电技术，2005（2）：9-12.

[123] 魏宾．新疆小流域暴雨洪水计算经验模式探讨 [J]．西北水力发电，2004（S1）：91-93.

[124] 胡彩虹，王纪军，詹发竹，等．中小流域汛期降水时空分布集中程度与洪水关系研究 [J]．水文，2009，29（4）：14-21.

[125] 毛德华，何梓霖，贺新光，等．洪灾风险分析的国内外研究现状与展望（Ⅰ）——洪水为害风险分析研究现状 [J]．自然灾害学报，2009，18（1）：139-149.

[126] 赵以琴．洪灾风险分析研究进展 [J]．水利科技与经济，2007（9）：683-685.

[127] 毛德华，贺新光，彭鹏，等．洪灾风险分析的国内外研究现状及展望（Ⅱ）——防洪减灾过程风险分析研究现状 [J]．自然灾害学报，2009，18（1）：150-157.

[128] DAWSON R，HALL J，SAYERS P，et al. Sampling - based flood risk analysis for fluvial dike systems [J]. Stochastic Environmental Research and Risk Assessment，2005，19（6）：388-402.

[129] ERNST J，DEWALS B J，DETREMBLEUR S，et al. Micro - scale flood risk analysis based on detailed 2D hydraulic modelling and high resolution geographic data [J]. Natural Hazards，2010，55（2）：181-209.

[130] BIZIMANA J P，SCHILLING M. SHOWALTER P S，LU Y. Geo - Information Technology for Infrastructural Flood Risk Analysis in Unplanned Settlements：A Case Study of Informal Settlement Flood Risk in the Nyabugogo Flood Plain，Kigali City，Rwanda. Dordrecht：Springer Netherlands，2009：99-124.

[131] DAS S，SADIQ R，TESFAMARIAM S. An aggregative fuzzy risk analysis for flood incident management [J] . International Journal of System Assurance Engineering and Management，2011，2（1）：31-40.

[132] SAMUEL K J，AYENI B，ADEBAYO O H，et al. A Geospatial Analysis of Flood Risks and Vulnerability in Ogun - Osun River Basin [G] //Singh M，Singh R B，Hassan M I. Landscape Ecology and Water Management. Tokyo：Springer Japan，2014：307-320.

[133] WALCZYKIEWICZ T. Multi - criteria analysis for selection of activity options limiting flood risk [J]. Water Resources，2015，42（1）：124-132.

[134] MUIS S，GÜNERALP B，JONGMAN B，et al. Flood risk and adaptation strategies under climate change and urban expansion：A probabilistic analysis using global data [J]. Science of The Total Environment，2015，538：445-457.

[135] 周孝德，陈惠君，沈晋．滞洪区二维洪水演进及洪灾风险分析 [J]．西安理工大学学报，1996（3）：244-250，243.

[136] 傅湘，王丽萍，纪昌明．洪水遭遇组合下防洪区的洪灾风险率估算 [J]．水电能源科学，1999（4）：23-26.

[137] 朱勇华，胡玉林，王新才．汉江中下游防洪风险分析 [J]．人民长江，2000 (11)：29 - 30，44．

[138] 徐天群，朱勇华，董亚娟．汉江中下游防洪风险分析中的极值分布模型研究 [J]．水利水电快报，2001 (23)：13 - 16．

[139] 毛德华，谢石，刘晓群，等．洪灾风险分析的国内外研究现状及展望（Ⅲ）——研究展望 [J]．自然灾害学报，2012，21 (5)：8 - 15．

[140] 魏一鸣，范英，金菊良．洪水灾害风险分析的系统理论 [J]．管理科学学报，2001 (2)：7 - 11，44．

[141] 杜晓燕，黄岁樑，赵庆香．洪灾风险的定量表示及其分析流程的探讨 [J]．中国公共安全（学术版），2008 (Z1)：54 - 57．

[142] 周爱霞，张行南，夏达忠．堤防保护区洪灾风险分布研究 [J]．解放军理工大学学报（自然科学版），2009，10 (1)：53 - 60．

[143] 刘家福，李京，梁雨华，等．亚洲典型区域暴雨洪灾风险评价研究 [J]．地理科学，2011，31 (10)：1266 - 1271．

[144] 余铭婧，许有鹏，王柳艳．城市化影响下东南沿海中小流域洪灾风险分析——以甬曹浦地区为例 [J]．自然灾害学报，2013，22 (4)：108 - 113．

[145] 李国芳，郑玲玉，童奕懿，等．长江三角洲地区城市化对洪灾风险的影响评价 [J]．长江流域资源与环境，2013，22 (3)：386 - 391．

[146] 金玲．中小河流洪水风险分析中的数值模拟研究 [D]．大连：大连理工大学，2014．

[147] 李旭，潘安定．基于 GIS 的广州市洪灾风险评价 [J]．中国人口·资源与环境，2014 (S1vo 24)：363 - 367．

[148] 徐晓晔．基于流域蓄滞洪区补偿机制创新的排水权空间配置初探 [D]．南京：南京大学，2019．

[149] 徐光来，许有鹏，王柳艳．基于水流阻力与图论的河网连通性评价 [J]．水科学进展，2012，23 (6)：776 - 781．

[150] 顾政华，李旭宏，于世军．区域高速公路网布局结构的连通度研究 [J]．公路交通科技，2005 (2)：86 - 89．

[151] 徐光来．太湖平原水系结构与连通变化及其对水文过程影响研究 [D]．南京：南京大学，2012．

[152] DENG X, XU Y, HAN L. Impacts of human activities on the structural and functional connectivity of a river network in the Taihu Plain [J]. Land Degradation & Development, 2018, 29 (8): 2575 - 2588.

[153] DENG X, XU Y, HAN L, et al. Spatial - temporal changes in the longitudinal functional connectivity of river systems in the Taihu Plain, China [J]. Journal of Hydrology, 2018, 566: 846 - 859.

[154] 李炜．水力计算手册 [M]．2 版．北京：中国水利水电出版社，2006．

[155] 灌溉与排水工程设计标准：GB 50288—2018 [S]．北京：中国计划出版社，2018．

[156] 孟慧芳，许有鹏，徐光来，等．平原河网区河流连通性评价研究 [J]．长江流域资源与环境，2014，23 (5)：626 - 631．

[157] 周震．巢湖流域水系连通性及其对水质的影响研究 [D]．南京：南京农业大学，2017．

[158] 周峰．城镇化下河流水系变化对流域调蓄及洪涝影响研究 [D]．南京：南京大学，2013．

[159] 郑燕凤．基于 GIS 的 CA - MARKOV 模型的土地利用变化研究 [D]．泰安：山东农业大学，2009．

［160］ 韩玲玲，何政伟，唐菊兴，等．基于 CA 的城市增长与土地增值动态模拟方法探讨［J］．地理与地理信息科学，2003（2）：32 - 35.

［161］ 吕效国．改进的 Markov 方法预测农业科学研究所人才结构的研究［J］．安徽农业科学，2009，37（1）：3 - 4.

［162］ 刘光，贺小飞．地理信息系统实习教程［M］．北京：清华大学出版社，2003.